新世纪电气自动化系列规划教材

工业控制系统典型应用
项目化实训教程

（工业机器人–伺服驱动–变频系统–人机界面–PLC）

编　著　钱厚亮　崔茂齐　姚　晔
　　　　魏小林　王　丹
主　审　张　林

东南大学出版社
SOUTHEAST UNIVERSITY PRESS

·南京·

内 容 提 要

本书为新世纪电子信息与电气类电气自动化系列规划教材。本书以项目化实验实训教学为载体，由浅入深、逐层递进，重点讲述三菱电机 FX$_{5U}$ 系列可编程序逻辑控制器（PLC）系统、A800 系列变频系统、MR-JE 系列伺服驱动系统、GS 系列人机界面及 RV 系列工业机器人的开发应用。本书内容丰富、新颖，体现了现代工业生产的先进手段，贴合应用型高等院校人才培养需求。

本书可作为应用型本科院校、高职高专、成人高校等机电一体化、电气工程、自动化及机器人等相关专业"电气控制与 PLC"、"运动控制系统"及"工业机器人应用与开发"等相关课程的实训教材，也可供从事相关工作的工程技术人员参考。

图书在版编目(CIP)数据

工业控制系统典型应用项目化实训教程/钱厚亮等
编著. —南京：东南大学出版社，2019.12
新世纪电气自动化系列规划教材
ISBN 978-7-5641-8649-4

Ⅰ.①工… Ⅱ.①钱… Ⅲ.①工业控制系统-高等学
校-教材 Ⅳ.①TB4

中国版本图书馆 CIP 数据核字(2019)第 263568 号

工业控制系统典型应用项目化实训教程

Gongye Kongzhi Xitong Dianxing Yingyong Xiangmuhua Shixun Jiaocheng

编 著 者	钱厚亮等
出版发行	东南大学出版社
出 版 人	江建中
社　　址	南京市四牌楼 2 号
邮　　编	210096
经　　销	全国各地新华书店
印　　刷	南京京新印刷有限公司
开　　本	787 mm×1092 mm　1/16
印　　张	12.5
字　　数	320 千字
版　　次	2019 年 12 月第 1 版
印　　次	2019 年 12 月第 1 次印刷
书　　号	ISBN 978-7-5641-8649-4
印　　数	1—2500 册
定　　价	48.00 元

（本社图书若有印装质量问题，请直接与营销部联系。电话：025-83791830）

前　言

　　《工业控制系统典型应用项目化实训教程》是一本集三菱电机自动化 FX$_{5U}$ 系列 PLC(可编程序逻辑控制器)技术、A800 系列变频技术、JE 系列伺服驱动系统、GS 系列人机界面及 RV－F 系列工业机器人技术于一体的综合实训教材,是南京工程学院及相关合作院校开展项目化教学改革的重要成果,也是新世纪电子信息与电气类电气自动化系列规划教材。

　　教材分为两篇。第一篇主要介绍三菱电机 FX$_{5U}$ 系列 PLC 常用指令使用方法、变频器及伺服驱动系统的基本应用方法;第二篇重点分析五个综合训练项目,内容由易到难,训练对象由简单到复杂,几乎完全涵盖现代工业现场所涉及控制类产品,每个训练项目讲解详细,结构清晰,通俗易学。

　　综合实训项目一,详细分析一套过程控制系统,重点讲述流量、液位、温度、FX$_{5U}$ 系列 PLC 及特殊功能模块、GS 人机界面、变频器等常规过程控制系统的控制手段和方法,对系统的结构、电气控制电路、控制流程、程序及 PID 调节进行了阐述。

　　综合实训项目二,重点分析了由变频调速系统、双轴伺服驱动系统、FX$_{5U}$ 系列 PLC、定位模块及人机界面等构成的随动控制系统,对系统的结构、电气控制电路、控制流程及程序等进行了阐述。

　　综合实训项目三,详细分析一套模拟微型分布式发电系统,重点讲述微型风力发电系统、光伏发电系统、投切系统及能量监控系统的结构、控制手段和方法,对系统的结构、电气控制电路、控制流程及程序等进行了阐述。

　　综合实训项目四,详细分析一套三轴伺服搬运系统,重点讲述该系统人机界面设计、伺服参数配置、视觉系统的开发应用以及运动控制模块的参数配置,对系统的结构、电气控制电路、控制流程及程序等进行了阐述。

　　综合实训项目五,详细分析一套工业机器人高速装配系统,重点讲述高速装配系统中六关节工业机器人、伺服驱动系统、人机界面及传感器的开发应用方法,对系统的结构、电气控制电路、控制流程及程序等进行了阐述。

　　教材每一部分内容均通过南京工程学院与南京菱电自动化工程有限公司联合开发的实训装备验证,做到准确可行。实训教材第一篇实验一～七林宗德编写,实验八～十三钱厚亮编写,第二篇实训项目一陈国军编写,项目二崔茂齐编写,项目三姚晔编写,项目四魏小林编写,项目五王丹编写,全书由钱厚亮统稿。教材中任何一部分内容未经作者授权,任何组织机构或个人进行复制引用,作者及出版机构将追究其法律责任。

　　由于编者水平有限,书中难免会有错漏之处,敬请广大读者批评指正。

编著者

2019 年 8 月于南京

目　录

第一篇 基础实验训练

实验一 GX Works3 编程软件应用练习

一、实验目的

掌握可编程控制器的组成和基本单元,掌握编程软件 GX Works3 编程和程序调试方法。

二、实验器材(见图 1.1.1)

1. LD-ZH19 三菱电机可编程控制器主机实验箱　　　　　　　　1 台
2. LD-ZH19 功能模块(一)　　　　　　　　　　　　　　　　　1 台
3. 连接导线　　　　　　　　　　　　　　　　　　　　　　　1 套
4. 计算机　　　　　　　　　　　　　　　　　　　　　　　　1 台

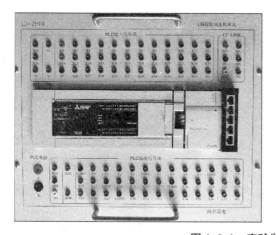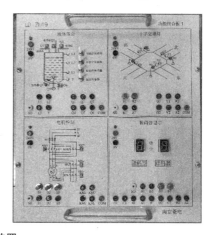

图 1.1.1　实验装置

三、实验内容

1. 熟悉编程环境 GX Works3

用鼠标双击屏幕 GX Works3 图标打开图选"工程"菜单后选"新建"(建立一个新的文件),在弹出的对话框中选择 CPU 类型、工程类型、程序语言。

生成一个 PLC 新的程序文件过程如下:(采用简单工程—梯形图程序)

(1) 双击指令树中的命令,再选某一具体指令;

(2) 在编辑窗口方框键入图形与软元件(或指令),按回车键;

(3) 存盘;

（4）下载（先选择"转换/编译"菜单——选"转换"——再选择"在线"菜单——最后选"PLC写入"）；

（5）运行。

2. 将图1.1.2所示程序下载到PLC。

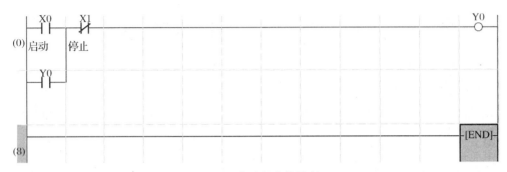

图1.1.2 电动机启停控制

3. 运行已下载的PLC程序。若将X0接入正转启动按钮SF_1，X1接入停止按钮SF_2，Y0外接驱动接触器线圈QA_1，QA_1接触器控制电机启停，则上述PLC程序所实现的为电动机启停，保护控制电路。

4. 自编小程序熟悉编程环境及指令。

5. 电机正/反转实验

编程实现图1.1.3所示三相异步电动机的正/反转控制。

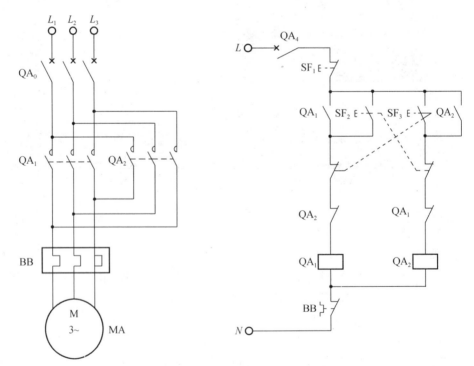

图1.1.3 三相异步电动机的正反转控制电路

（1）输入/输出信号

X0：正转按钮（SF₂）；X1：反转按钮（SF₃）；X2：停机按钮（SF₁）；X3：热继电器触点（BB，演示实验时用 SF₄ 代替）；

Y0：正转接触器线圈（QA₁ 用发光二极管代替）；Y1：反转接触器线圈（QA₂ 用发光二极管代替）。

（2）PLC 接线图

PLC 接口电路见图 1.1.4。

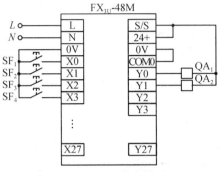

图 1.1.4　PLC 接口电路

（3）梯形图（见图 1.1.5）。

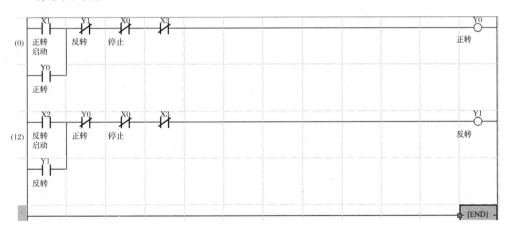

图 1.1.5　PLC 梯形图程序

（4）调试并运行程序。

实验二　八段码显示编程练习

一、实验目的

用 PLC 构成模拟抢答器系统并编制控制程序。

二、实验设备（见图 1.2.1）

1. LD-ZH19 三菱电机可编程控制器主机实验箱　　　　　　1 台
2. LD-ZH19 功能模块（一）　　　　　　　　　　　　　　1 台
3. 连接导线　　　　　　　　　　　　　　　　　　　　　1 套
4. 计算机　　　　　　　　　　　　　　　　　　　　　　1 台

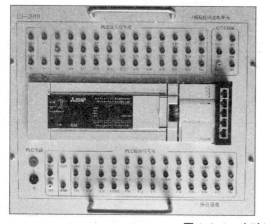 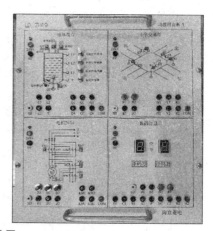

图 1.2.1　实验装置

三、实验内容

1. 控制要求

一个四组抢答器，任一组抢先按下后，显示器能及时显示该组的编号，同时锁住抢答器，使其他组按下无效。抢答器有复位开关，复位后可重新抢答。

2. I/O 分配

输入		输出			
SF_1	X0	A1	Y0	A2	Y4
SF_2	X1	B1	Y1	B2	Y5
SF_3	X2	C1	Y2	C2	Y6
SF_4	X3	D1	Y3	D2	Y7
复位开关 SF5	X4				

3. PLC 接线图

PLC 接口电路如图 1.2.2 所示。

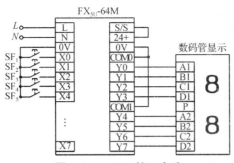

图 1.2.2　PLC 接口电路

4. 输入程序(见图 1.2.3)

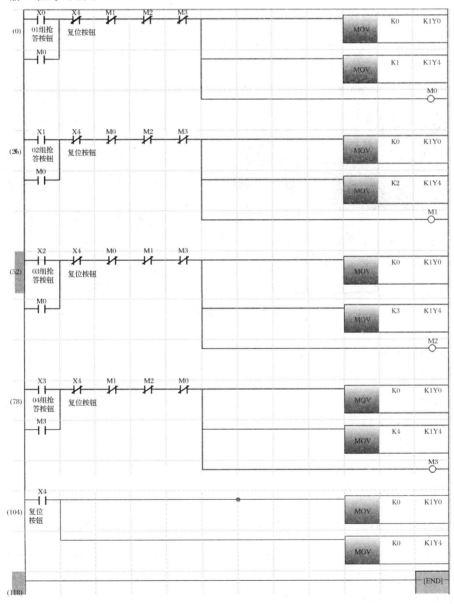

图 1.2.3　PLC 梯形程序图

5. 调试并运行程序

实验三　天塔之光编程练习

一、实验目的

用 PLC 构成模拟天塔之光控制系统。

二、实验设备(见图 1.3.1)

1. LD-ZH19 三菱电机可编程控制器主机实验箱　　　　　　1 台
2. LD-ZH19 功能模块(三)　　　　　　　　　　　　　　1 台
3. 连接导线　　　　　　　　　　　　　　　　　　　　1 套
4. 计算机　　　　　　　　　　　　　　　　　　　　　1 台

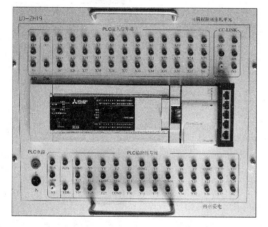 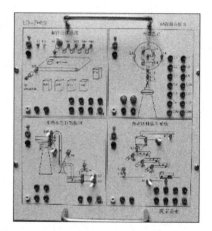

图 1.3.1　实验装置

三、实验内容

1. 控制要求

隔灯闪烁：L_1、L_3、L_5、L_7、L_9 亮，1 s 后灭；接着 L_2、L_4、L_6、L_8 亮，1 s 后灭；再接着 L_1、L_3、L_5、L_7、L_9 亮，1 s 后灭，如此循环下去。

2. I/O 分配

输入		输出					
启动(SF_1)	X0	$PG_1(L_1)$	Y0	$PG_4(L_4)$	Y3	$PG_7(L_7)$	Y6
停止(SF_2)	X1	$PG_2(L_2)$	Y1	$PG_5(L_5)$	Y4	$PG_8(L_8)$	Y7
		$PG_3(L_3)$	Y2	$PG_6(L_6)$	Y5	$PG_9(L_9)$	Y10

3. PLC 接线图

PLC 接口电路如图 1.3.2 所示。

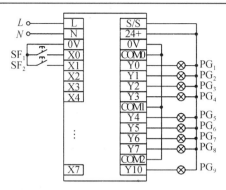

图 1.3.2　PLC 接口电路

3. 输入程序(见图 1.3.3)

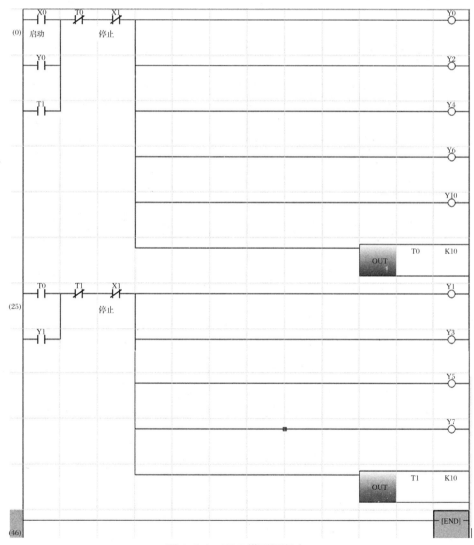

图 1.3.3　PLC 梯形图程序

4. 调试并运行程序

实验四　交通信号灯控制编程练习

一、实验目的

用 PLC 构成交通信号灯模拟控制系统。

二、实验设备(见图 1.4.1)

1. LD-ZH19 三菱电机可编程控制器主机实验箱	1台
2. LD-ZH19 功能模块(一)	1台
3. 连接导线	1套
4. 计算机	1台

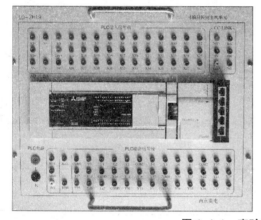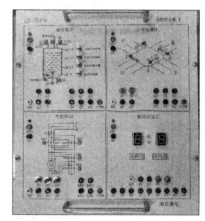

图 1.4.1　实验装置

三、实验内容

1. 控制要求

从图 1.4.2 中可看出,东西方向与南北方向绿、黄和红灯相互亮灯的时间是相等的。若

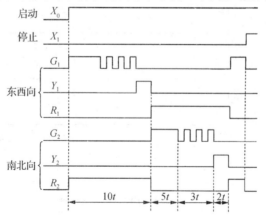

图 1.4.2　交通灯时序工作波形

单位时间 $t=2$ s时,则整个一次循环时间需要 40 s。

2. I/O 分配(见表 1.4.1)

表 1.4.1　I/O 器件、器件号及功能说明

输入			输出		
器件	器件号	功能说明	器件	器件号	功能说明
SF$_1$	X0	启动按钮	PG$_1$(G1)	Y0	东西向绿灯
SF$_2$	X1	停止按钮	PG$_2$(Y1)	Y1	东西向黄灯
			PG$_3$(R1)	Y2	东西向红灯
			PG$_4$(G2)	Y3	南北向绿灯
			PG$_5$(Y2)	Y4	南北向黄灯
			PG$_6$(R2)	Y5	南北向红灯

实现交通灯自动控制可用步进顺控指令实现,也可用移位寄存器实现。本实验中用 PLC 移位寄存器功能来实现。移位寄存器及输出状态真值表如表 1.4.2 所示。由表 1.4.2 可看出,移位寄存器共 10 位,以循环左移方式向左移位,每次脉冲到来时,只有 1 位翻转,即从 0000000001—0000000011—0000000111—0000001111—…。这种循环移位寄存器工作是可靠的。按真值表的特点,根据相互间的逻辑关系,其输出状态 G_1、Y_1、R_1 和 G_2、Y_2、R_2 与输入 $M_9 \sim M_0$ 的逻辑关系如下(其中 CP 为脉冲信号):

$$东西方向\begin{cases} G_1 = \overline{M_9} \cdot \overline{M_4} + (\overline{M_7} \cdot M_4 \cdot \overline{CP}) \\ Y_1 = \overline{M_9} \cdot M_7 \\ R_1 = M_9 \end{cases}$$

$$南北方向\begin{cases} G_2 = M_9 \cdot M_4 + M_7 \cdot \overline{M_4} \cdot \overline{CP} \\ Y_2 = M_9 \cdot \overline{M_7} \\ R_2 = \overline{M_9} \end{cases}$$

表 1.4.2　交通灯时序关系真值表

CP	输入										输出					
	M_9	M_8	M_7	M_6	M_5	M_4	M_3	M_2	M_1	M_0	G_1	Y_1	R_1	G_2	Y_2	R_2
0	0	0	0	0	0	0	0	0	0	0	1	0	0	0	0	1
1	0	0	0	0	0	0	0	0	0	1	1	0	0	0	0	1
2	0	0	0	0	0	0	0	0	1	1	1	0	0	0	0	1
3	0	0	0	0	0	0	0	1	1	1	1	0	0	0	0	1
4	0	0	0	0	0	0	1	1	1	1	1	0	0	0	0	1

（续表 1.4.2）

CP	输入										输出					
	M_9	M_8	M_7	M_6	M_5	M_4	M_3	M_2	M_1	M_0	G_1	Y_1	R_1	G_2	Y_2	R_2
5	0	0	0	0	0	1	1	1	1	1	⊓	0	0	0	0	1
6	0	0	0	0	1	1	1	1	1	1	⊓	0	0	0	0	1
7	0	0	0	1	1	1	1	1	1	1	⊓	0	0	0	0	1
8	0	0	1	1	1	1	1	1	1	1	0	1	0	0	0	1
9	0	1	1	1	1	1	1	1	1	1	0	1	0	0	0	1
10	1	1	1	1	1	1	1	1	1	1	0	0	1	1	0	0
11	1	1	1	1	1	1	1	1	1	0	0	0	1	1	0	0
12	1	1	1	1	1	1	1	1	0	0	0	0	1	1	0	0
13	1	1	1	1	1	1	1	0	0	0	0	0	1	1	0	0
14	1	1	1	1	1	1	0	0	0	0	0	0	1	1	0	0
15	1	1	1	1	1	0	0	0	0	0	0	0	1	⊓	0	0
16	1	1	1	1	0	0	0	0	0	0	0	0	1	⊓	0	0
17	1	1	1	0	0	0	0	0	0	0	0	0	1	⊓	0	0
18	1	1	0	0	0	0	0	0	0	0	0	0	1	0	1	0
19	1	0	0	0	0	0	0	0	0	0	0	0	1	0	1	0

3. PLC 接线图

PLC 接口电路如图 1.4.3 所示。

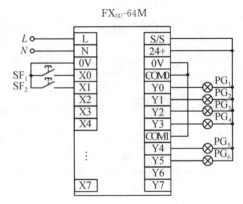

图 1.4.3　PLC 接口电路

4. 输入程序(见图 1.4.4)

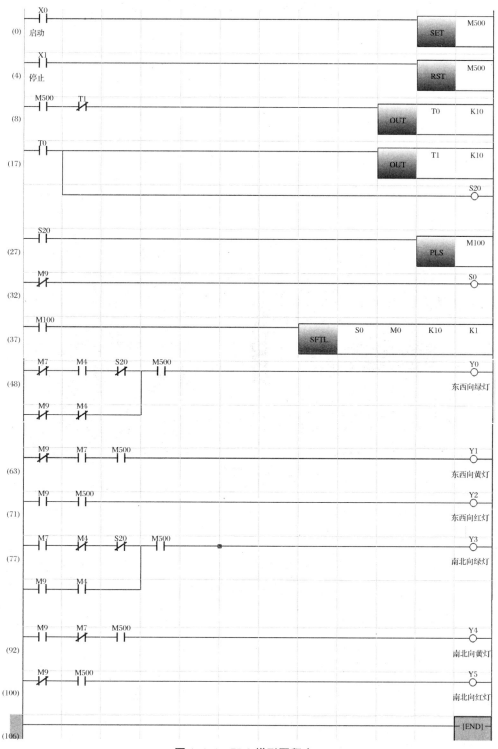

图 1.4.4 PLC 梯形图程序

5. 调试并运行程序

实验五　水塔水位自动控制编程练习

一、实验目的

用 PLC 构成模拟水塔水位自动控制系统。

二、实验设备(见图 1.5.1)

1. LD-ZH19 三菱电机可编程控制器主机实验箱   1 台
2. LD-ZH19 功能模块(三)   1 台
3. 连接导线   1 套
4. 计算机   1 台

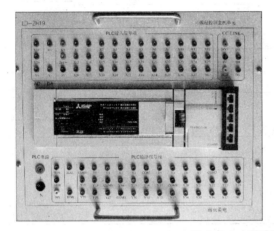

图 1.5.1　实验装置

三、实验内容

1. 控制要求

当按下启动按钮 SF_1 时系统启动,按下 SF_2 时系统停止。当下水箱水位低于上限位时,Y 导通,否则 Y 关闭;当上水箱水位低于上限位且下水箱水位不低于下限位时,M 导通,否则 M 关闭。

2. I/O 分配

输入		输出	
启动(SF_1)	X0	PG_1(Y)	Y0
停止(SF_2)	X1	PG_2(M)	Y1
上水箱上限位(SF_3)	X2		
上水箱下限位(SF_4)	X3		
下水箱上限位(SF_5)	X4		
下水箱下限位(SF_6)	X5		

3. PLC 接线图

PLC 接口电路如图 1.5.2 所示。

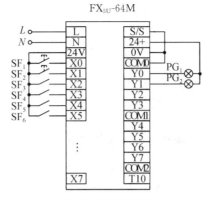

图 1.5.2　PLC 接口电路

4. 输入程序(见图 1.5.3)

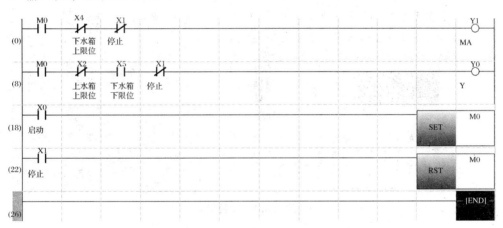

图 1.5.3　PLC 梯形图程序

5.调试并运行程序

实验六　　自动送料装车系统编程练习

一、实验目的

用 PLC 构成模拟自动送料装车系统。

二、实验设备(见图 1.6.1)

1. LD-ZH19 三菱电机可编程控制器主机实验箱　　　　　　　　　1 台
2. LD-ZH19 功能模块(三)　　　　　　　　　　　　　　　　　　1 台
3. 连接导线　　　　　　　　　　　　　　　　　　　　　　　　1 套
4. 计算机　　　　　　　　　　　　　　　　　　　　　　　　　1 台

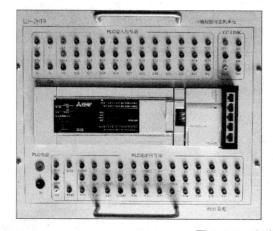 

图 1.6.1　实验装置

三、实验内容

1. 控制要求

按下 SF_1 按钮系统启动,按下 SF_2 按钮系统关闭。当储料箱未满时(S_1 未闭合),K_1 送料管送料;储料箱满时,K_2 打开,$M_1 \sim M_3$ 顺序启动;当小车装满料后,S_2 闭合,L_2 灯亮,否则 L_1 灯亮。

2. I/O 分配

输入		输出			
启动 SF_1	X0	$PG_1(K_1)$	Y0	$PG_5(M_3)$	Y4
停止 SF_2	X1	$PG_2(K_2)$	Y1	$PG_6(L_1)$	Y5
储料箱传感器 $SF_3(S_1)$	X2	$PG_3(M_1)$	Y2	$PG_6(L_2)$	Y6
小车质量传感器 $SF_4(S_2)$	X3	$PG_4(M_2)$	Y3		

3. PLC 接线图

PLC 接口电路如图 1.6.2 所示。

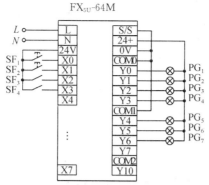

图 1.6.2　PLC 接口电路

4. 输入程序(见图 1.6.3)

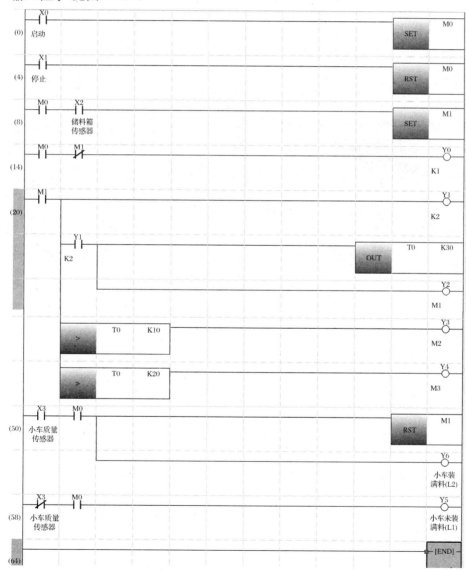

图 1.6.3　PLC 梯形图程序

5. 调试并运行程序

实验七　液体混合系统编程练习

一、实验目的

用 PLC 构成模拟液体混合系统。

二、实验设备(见图 1.7.1)

1. LD-ZH19 三菱电机可编程控制器主机实验箱　　　　　　　　　1 台
2. LD-ZH19 PLC 功能模块(一)　　　　　　　　　　　　　　　1 台
3. 连接导线　　　　　　　　　　　　　　　　　　　　　　　1 套
4. 计算机　　　　　　　　　　　　　　　　　　　　　　　　1 台

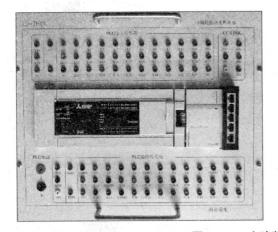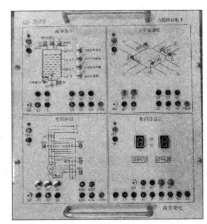

图 1.7.1　实验装置

三、实验内容

1. 控制要求

按下 SF$_1$ 按钮系统启动,按下 SF$_2$ 按钮系统关闭。系统启动 Q$_1$、Q$_2$、Q$_3$ 电磁阀打开,搅拌电机 Q$_5$ 启动;当液位不低于低液位传感器且温度未达到设定温度时加热棒 Q$_4$ 加热;当液位不低于低液位传感器且温度到达设定温度时电磁阀 Q$_6$ 打开。

2. I/O 分配

输入		输出	
启动 SF$_1$	X0	PG$_1$(Q$_1$)	Y0
停止 SF$_2$	X1	PG$_2$(Q$_2$)	Y1
高液位传感器 SF$_3$(L$_1$)	X2	PG$_3$(Q$_3$)	Y2
中液位传感器 SF$_4$(L$_2$)	X3	PG$_4$(Q$_4$)	Y3
低液位传感器 SF$_5$(L$_3$)	X4	PG$_5$(Q$_5$)	Y4
温度传感器 SF$_6$(T)	X5	PG$_6$(Q$_6$)	Y5

3. PLC 接线图

PLC 接口电路如图 1.7.2 所示。

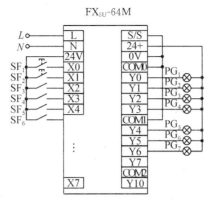

图 1.7.2　PLC 接口电路

4. 输入程序（见图 1.7.3）

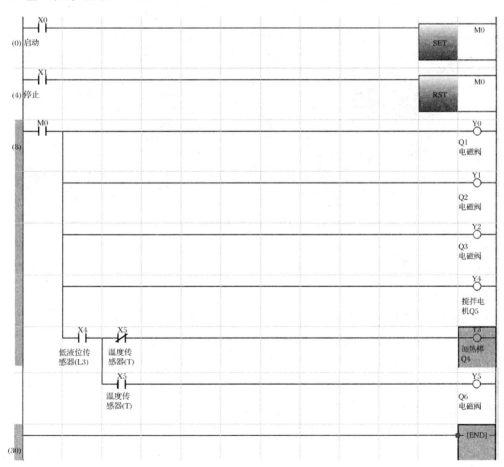

图 1.7.3　PLC 梯形图程序

5. 调试并运行程序

实验八　邮件分拣系统编程练习

一、实验目的

用 PLC 构成模拟邮件分拣控制系统。

二、实验设备（见图 1.8.1）

1. LD-ZH19 三菱电机可编程控制器主机实验箱	1 台
2. LD-ZH19 功能模块（三）	1 台
3. 连接导线	1 套
4. 计算机 1 台	

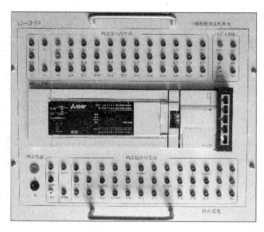 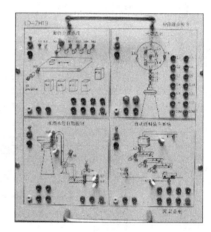

图 1.8.1　实验装置

三、实验内容

1. 控制要求

LD-ZH19 邮件分拣系统实验板的输入端子为一特殊设计的端子，它的功能是：当输出端 M_5 为 ON（向上）时，S_1 自动产生脉冲信号，模拟测量电动机转速的光码盘信号。

启动后绿灯 L_2 亮表示可以进邮件，S_2 为 ON（向上）表示检测到了邮件，从程序中读取邮编，并取出最低位，正常值为 0、1、2、3、4，若非此五个数，则红灯 L_1 亮，表示出错，电动机 M_5 停止，复位重新启动后，能重新运行。若是此 5 个数中的任一个，则绿灯 L_2 亮，电动机 M_5 运行，将邮件分拣至箱内，复位重新启动后 L_1 灭，L_2 亮，表示可继续分拣邮件。

2. I/O 分配

输入		输出			
启动 SF_1	X0	$PG_1(M_1)$	Y0	$PG_5(M_5)$	Y4
停止 SF_2	X1	$PG_2(M_2)$	Y1	$PG_6(L_1)$	Y5

脉冲发生器 S_1	X2	$PG_3(M_3)$	Y2	$PG_7(L_2)$	Y6
SF$_3$(S$_2$)	X3	$PG_4(M_4)$	Y3		
复位 SF$_4$	X4				

3. PLC 接线图

PLC 接口电路如图 1.8.2 所示。

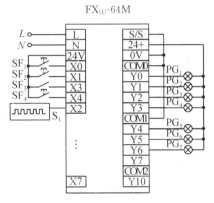

图 1.8.2 PLC 接口电路

4. 输入程序(见图 1.8.3)

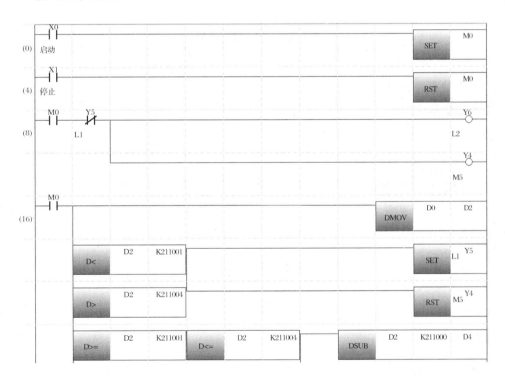

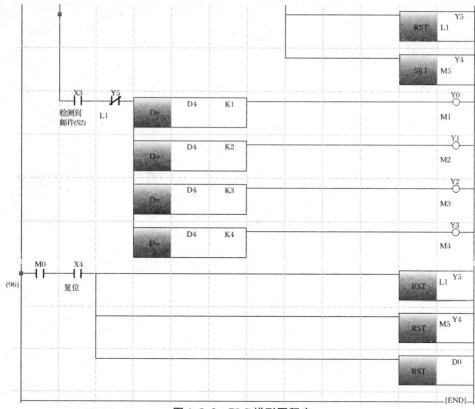

图 1.8.3　PLC 梯形图程序

5. 调试并运行程序

(1) 下载程序到 PLC 中,将 GX Works3 切换到监视模式。

(2) 选中程序中的[DMOV D0 D2],再将菜单栏"调试"—"当前值更改",如图 1.8.4 所示。

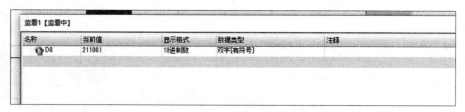

图 1.8.4　调试界面

实验九　A/D、D/A 及 HMI 实验编程练习

一、实验目的

用 FX$_{5U}$ PLC 及 A/D 模块、D/A 模块、HMI 构成模拟量的采集和数字转换模拟量系统。

二、实验设备(见图 1.9.1)

1. LD-ZH19 三菱电机可编程控制器主机实验箱	1 台
2. LD-ZH19 功能模块(二)	1 台
3. LD-ZH19 触摸屏实验箱	1 台
4. 连接导线	1 套
5. 计算机	1 台

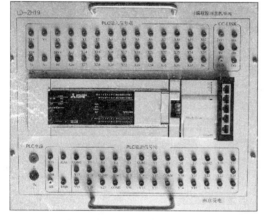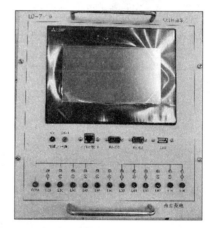

图 1.9.1　实验装置

三、实验内容

1. 控制要求

要求人机界面(HMI)显示可调电压源的电压;也可在人机界面中设置 D/A 输出的电压,用电压表进行测量。

2. I/O 分配

输入		输出	
电压源正极	V1+	电压表正极	V+
电压源负极	V—	电压表负极	V—

3. PLC 接线图

PLC 接口电路如图 1.9.2 所示。

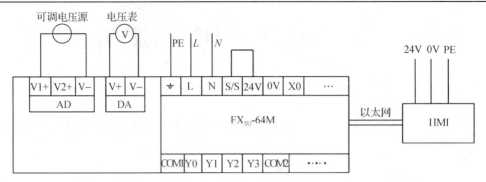

图 1.9.2　PLC 接口电路

4. PLC 参数设置

(1) 打开 GX Works3 新建 FX$_{5U}$工程,在导航栏中展开[参数]—[FX5UCPU]—[模块参数],然后双击点开[以太网端口],将"IP 地址"设置为 192.168.3.250,如图 1.9.3 所示。

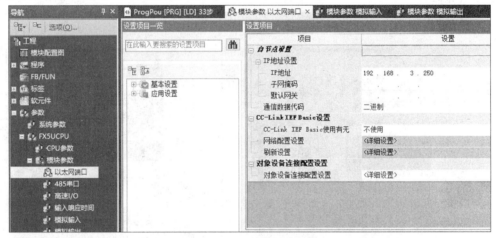

图 1.9.3　以太网端口设置

(2) 在导航栏中展开[参数]—[FX5UCPU]—[模块参数],然后双击点开[模拟输入],将"A/D 转换允许/禁止"设置为允许,如图 1.9.4 所示。

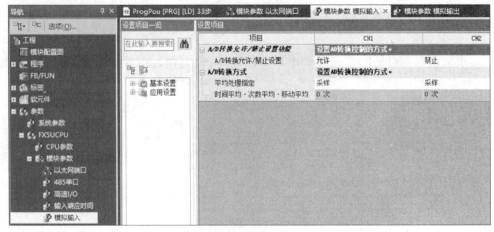

图 1.9.4　模拟输入使能设置

（3）在导航栏中展开［参数］－［FX5UCPU］－［模块参数］，然后双击点开［模拟输出］，将"D/A 转换允许/禁止"设置为允许，如图 1.9.5 所示。

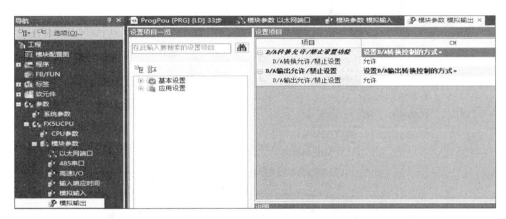

图 1.9.5　模拟输出使能设置

5. HMI 通信

添加数值显示，关联 D2；添加数值输入，关联 D4，如图 1.9.6 及图 1.9.7 所示。

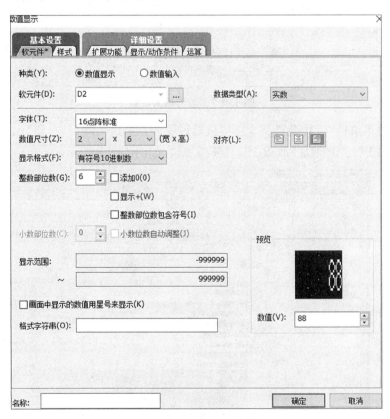

图 1.9.6　数值显示设置

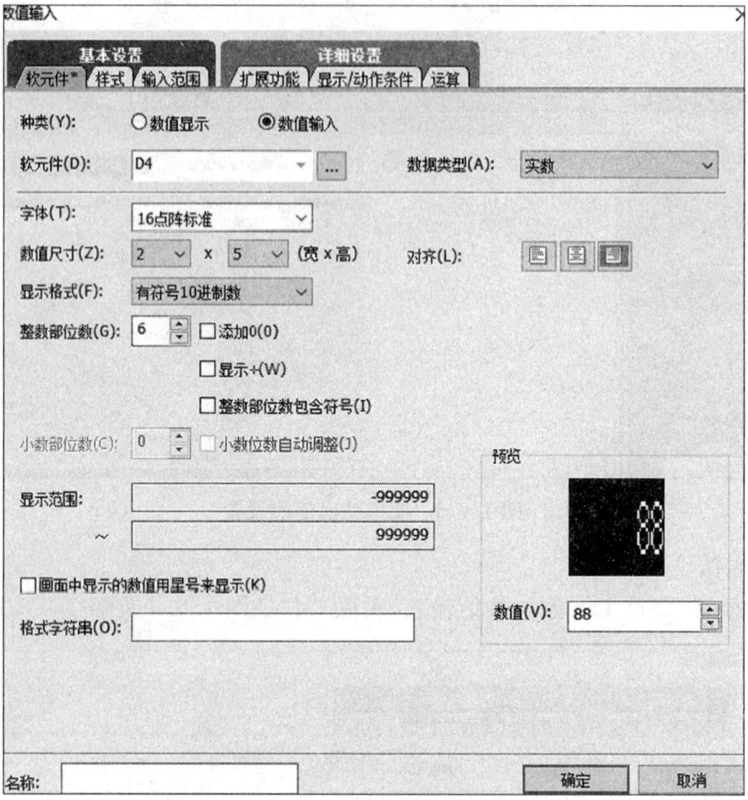

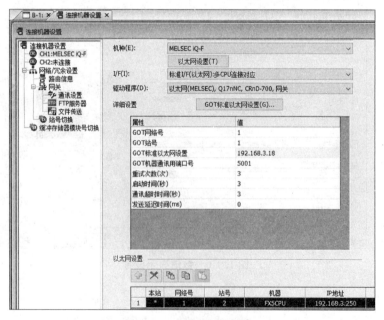

图 1.9.7　数值输入设置

打开上方菜单栏[公共设置]－[连接机器设置],点击以太网设置,将"站号"改成 2、"机器"改成 FX5CPU、"IP 地址"改成 192.168.3.250,如图 1.9.8 所示。

图 1.9.8　连接机器设置

打开上方菜单栏[通讯]－[写入到 GOT],选择以太网,点击通讯测试,测试成功点击确定,进入[与 GOT 的通讯]界面,点 GOT 写入。如图 1.9.9 及图 1.9.10 所示。

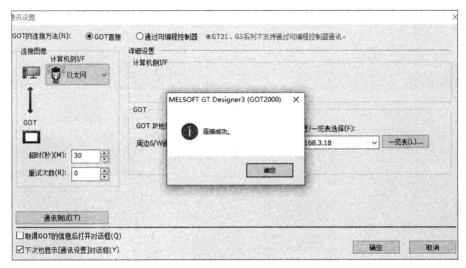

图 1.9.9　通讯测试

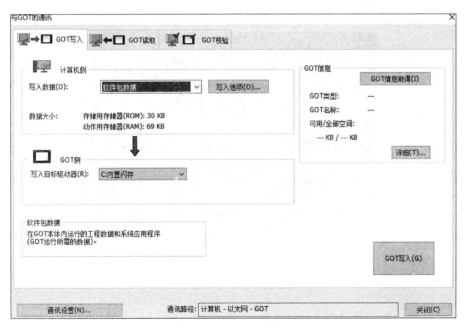

图 1.9.10　GOT 写入

6. 输入程序(见图 1.9.11)

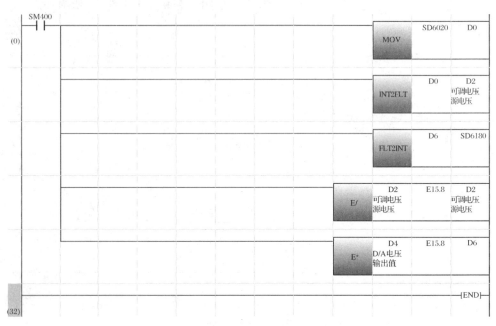

图 1.9.11　PLC 梯形图程序

7. 人机界面画面(见图 1.9.12)

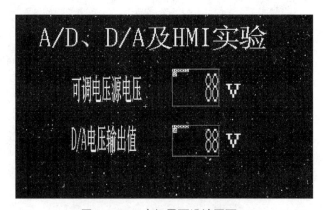

图 1.9.12　人机界面设计画面

8. 调试并运行程序

实验十　变频器多段调速练习

一、实验目的

用 PLC 及变频器构成多段速电机调速系统。

二、实验设备(见图 1.10.1)

1. LD-ZH19	三菱电机可编程控制器主机实验箱	1台
2. LD-ZH19	电源单元	1台
3. LD-ZH19	变频器实验箱	1台
4. LD-SVM15	混合运动执行机构	1台
5. LD-ZH19	触摸屏实验箱	1台
6. 连接导线		1套
7. 计算机		1台

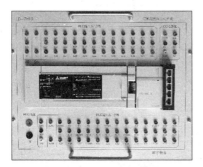 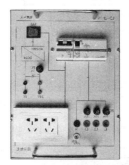 

图 1.10.1　实验装置

三、实验内容

1. 控制要求

通过控制变频器 RH、RM、RL 信号实现多段调速循环运行。

2. I/O 分配

输入		输出	
正转启动	X6	正转	Y0
反转启动	X7	反转	Y1
左限位	X4	RH	Y6
右限位	X5	RM	Y5
停止	X3	RL	Y4

3. 接线图

PLC 及变频器接线如图 1.10.2 所示。

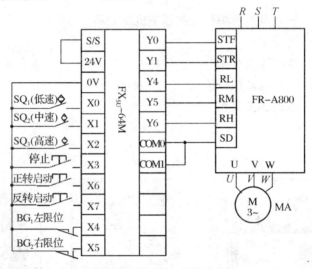

图 1.10.2　PLC 及变频器接线图

4. 输入程序(见图 1.10.3)

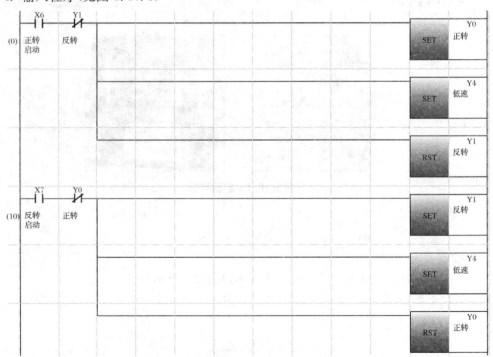

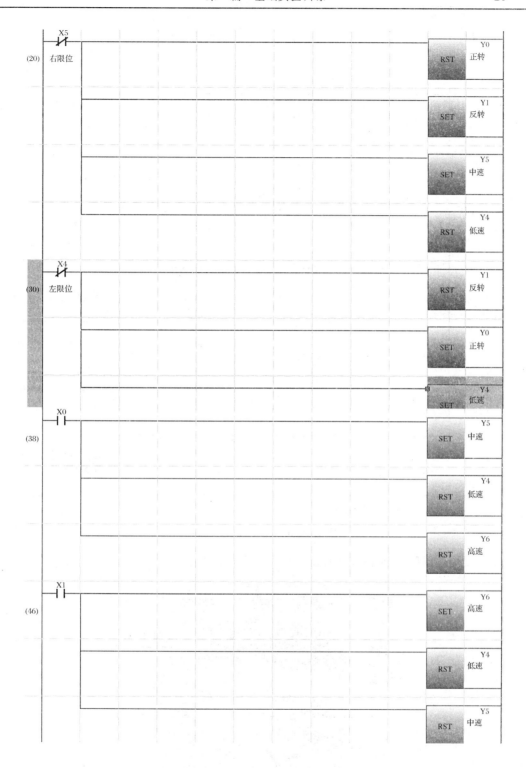

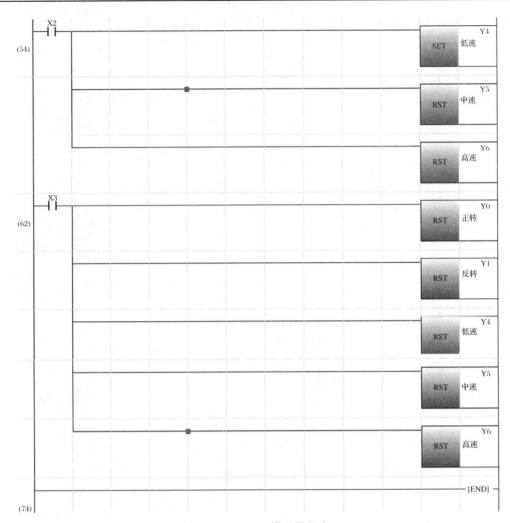

图 1.10.3　PLC 梯形图程序

5. 调试并运行程序(见图 1.10.4~图 1.10.6 及表 1.10.1)

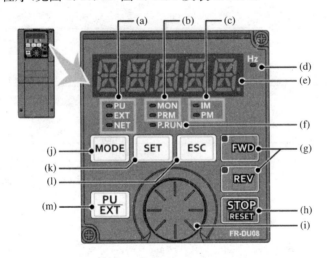

No.	操作部位	名称	内容
(a)	PU EXT NET	显示运行模式	PU:PU 运行模式时亮灯 EXT:外部运行模式时亮灯(初始设定时,电源 ON 后即亮灯) NET:网络运行模式时亮灯 PU、EXT:外部/PU 组合运行模式 1、2 时亮灯
(b)	MON PRM	显示操作面板状态	MON:监视模式时亮灯。保护功能动作时快速地闪烁 2 次 显示屏关闭模式时缓慢地闪烁 PRM:参数设定模式时亮灯
(c)	IM PM	显示控制电机	IM:感应电机控制设定时亮灯 PM:PM 无传感器矢量控制设定时亮灯 试运行状态选择时闪烁
(d)	Hz	显示频率单位	频率显示时亮灯(设定频率监视显示时闪烁)
(e)	监视器(5 位 LED)	显示频率、参数编号等 (通过设定 Pr.52、Pr.774~Pr.776,可以变更监视项目)	
(f)	P.RUN	显示顺控功能有效	顺控功能动作时亮灯
(g)	FWD REV	"FWD"按键、"REV"按键	"FWD"按键:正转启动,正转运行中 LED 亮灯 "REV"按键:反转启动,反转运行中 LED 亮灯 在以下场合 LED 闪烁: • 有正转/反转指令却无频率指令时 • 频率指令小于启动频率时 • 有 MRS 信号输入时
(h)	STOP RESET	"STOP/RESET"按键	停止运行指令 保护功能动作时,变频器进行复位
(i)	M 旋钮	三菱变频器旋钮,变更频率设定,参数设定值 按下旋钮后显示器可显示如下内容: • 显示监视模式时的设定频率(可通过 Pr.992 进行变更) • 显示校正时当前设定值 • 显示报警记录模式时的顺序	
(j)	MODE	"MODE"按键	切换各模式。 和"PU EXT"键同时按下后,可切换至运行模式的简单设定模式。 长按(2 s)后可进行操作锁定。Pr.161="0"(初始值)时键锁定模式无效
(k)	SET	"SET"按键	确定各项设定 输出频率 → 输出电流 → 输出电压 如果在运行中按下,监视内容将发生变化 (通过设定 Pr.52、Pr.774~Pr.776,可以变更监视项目)

No.	操作部位	名称	内容
(l)	ESC	"ESC"按键	返回前一个画面 长按将返回监视模式
(m)	PU EXT	"PU/EXT"按键	切换 PU 运行模式、PUJOG 运行模式、外部运行模式 和 MODE 键同时按下后,可切换至运行模式的简单设定模式 也可解除 PU 停止

图 1.10.4　变频器操作界面

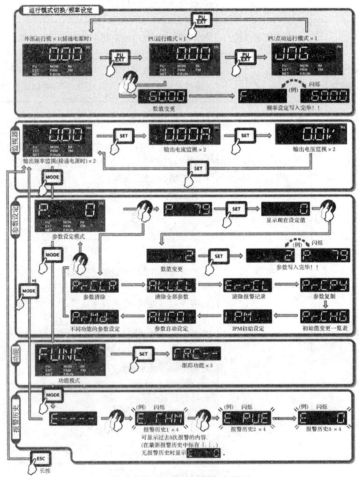

图 1.10.5　变频器基本操作

—— 操作 ——　　　　　　　　　—— 显示 ——

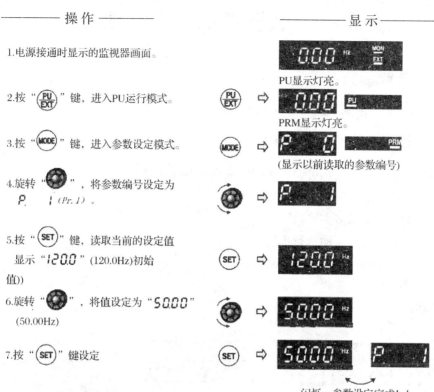

1.电源接通时显示的监视器画面。

PU显示灯亮。

2.按"PU/EXT"键，进入PU运行模式。

PRM显示灯亮。

3.按"MODE"键，进入参数设定模式。

(显示以前读取的参数编号)

4.旋转"⊙"，将参数编号设定为 P. 1 (Pr. 1)。

5.按"SET"键，读取当前的设定值
显示"120.0"(120.0Hz)初始值))

6.旋转"⊙"，将值设定为"50.00"(50.00Hz)

7.按"SET"键设定

闪烁…参数设定完成！！

• 旋转"⊙"可读取其他参数。

• 按"SET"键可再次显示设定值。

• 按两次"SET"键可显示下一个参数。

• 按两次"MODE"键可返回频率监视画面。

图 1.10.6　变频器变更参数的设定值

表 1.10.1　实验所需设置变频器参数

Pr. 79	3
Pr. 4	30
Pr. 5	20
Pr. 6	15

实验十一　变频器模拟量调速练习

一、实验目的

用 PLC 及变频器构成多段速电机调速系统。

二、实验设备(见图 1.11.1)

1. LD-ZH19	三菱电机可编程控制器主机实验箱	1 台
2. LD-ZH19	电源单元	1 台
3. LD-ZH19	变频器实验箱	1 台
4. LD-SVM15	混合运动执行机构	1 台
5. LD-ZH19	触摸屏实验箱	1 台
6. 连接导线		1 套
7. 计算机		1 台

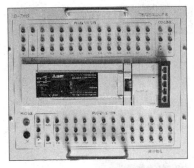 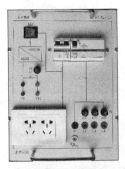 

 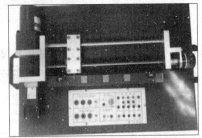

图 1.11.1　实验装置

三、实验内容

1. 控制要求

使用 FX_{5U} D/A 模块实现电机的无级调速。

2. I/O 分配

输入		输出	
正转启动	M0	正转	Y0
反转启动	M2	反转	Y1
停止	M1	2	V+
		5	V−

3. 接线图

PLC 及变频器接线如图 1.11.2 所示。

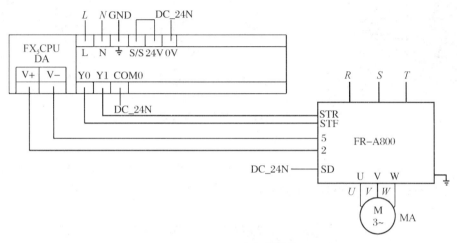

图 1.11.2　PLC 及变频器接线图

4. PLC 参数设置

(1) 打开 GX Works3 新建 FX$_{5U}$工程,在导航栏中展开[参数]－[FX5UCPU]－[模块参数],然后双击点开[以太网端口],将"IP 地址"设置为 192.168.3.250,如图 1.11.3 所示。

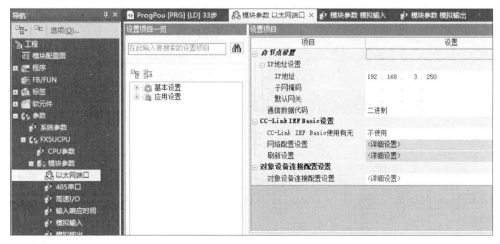

图 1.11.3　以太网端口设置

（2）在导航栏中展开［参数］－［FX5UCPU］－［模块参数］，然后双击点开［模拟输入］，将"A/D转换允许/禁止"设置为允许，如图 1.11.4 所示。

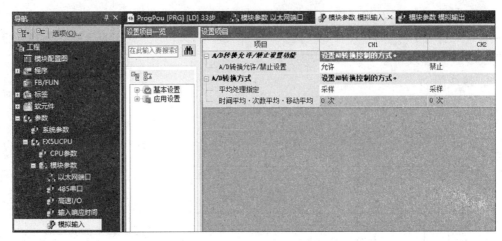

图 1.11.4　模拟输入设置

（3）在导航栏中展开［参数］－［FX5UCPU］－［模块参数］，然后双击点开［模拟输出］，将"D/A转换允许/禁止"设置为允许，如图 1.11.5 所示。

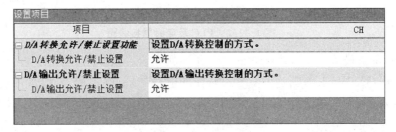

图 1.11.5　D/A 转换设置

5. HMI 通信

添加数值输入，关联 D20，如图 1.11.6 所示。

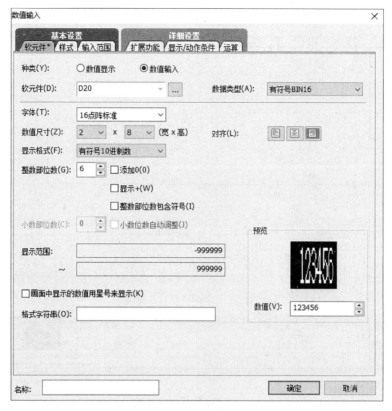

图 1.11.6 数值输入设置

打开上方菜单栏［公共设置］－［连接机器设置］，点击以太网设置，将"站号"改成 2、"机器"改成 FX5CPU、"IP 地址"改成 192.168.3.250，如图 1.11.7 所示。

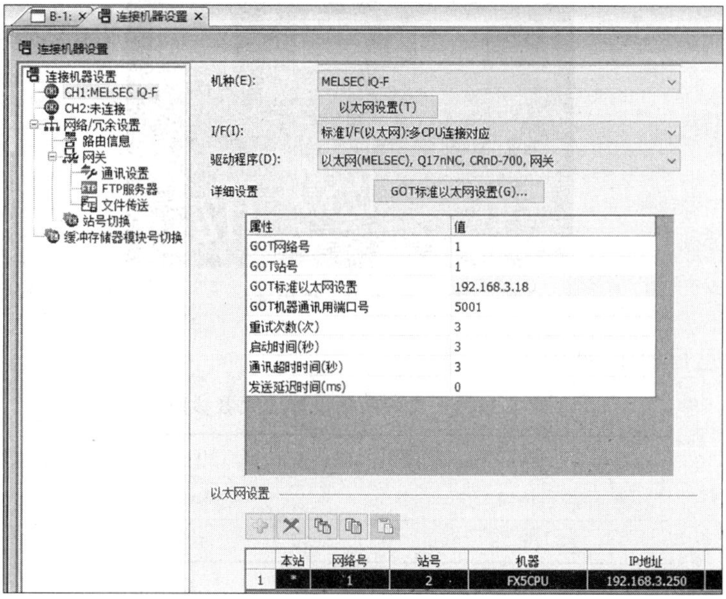

图 1.11.7 连接机器设置

6. 输入程序(见图 1.11.8)

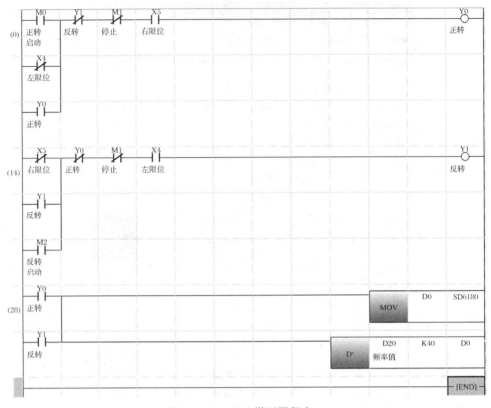

图 1.11.8 PLC 梯形图程序

7. 人机界面画面(见图 1.11.9)

图 1.11.9 人机界面

8. 调试并运行程序(见表 1.11.1)

表 1.11.1 实验所需设置变频器参数

Pr. 0	0
Pr. 1	30
Pr. 73	1

实验十二　伺服位置控制系统练习

一、实验目的

应用三菱电机 PLC 基本单元及伺服驱动系统构成的位置控制系统。

二、实验设备（见图 1.12.1）

1. LD-ZH19　　三菱电机可编程控制器主机实验箱　　　　1 台
2. LD-ZH19　　电源单元　　　　　　　　　　　　　　1 台
3. LD-ZH19　　伺服控制实验箱　　　　　　　　　　　1 台
4. LD-SVM15　混合运动执行机构　　　　　　　　　　1 台
5. LD-ZH19　　触摸屏实验箱　　　　　　　　　　　　1 台
6. 连接导线　　　　　　　　　　　　　　　　　　　1 套
7. 计算机　　　　　　　　　　　　　　　　　　　　1 台

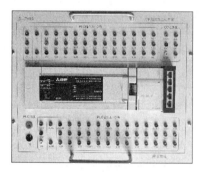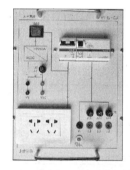
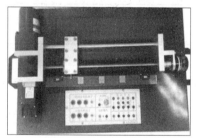

图 1.12.1　实验装置

三、实验内容

1. 控制要求

编写梯形图程序，要求有伺服电机的手动正反转、定位及回原点功能。

2. 接线图

PLC 及伺服驱动系统接线如图 1.12.2 所示。

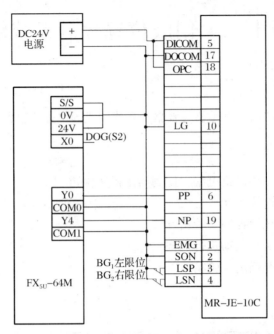

图 1.12.2　PLC 及伺服驱动系统接线图

3. 输入程序（见图 1.12.3）

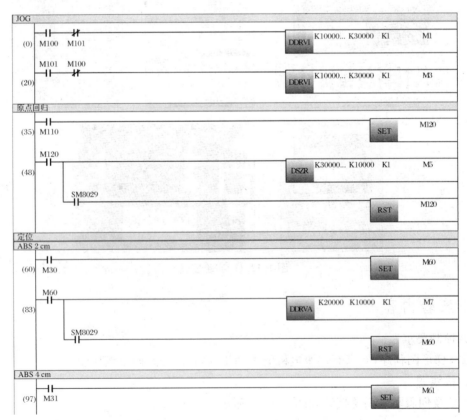

```
         M61
(113)    ┤├                                    ┌──────┐
                                              │DDRVA │ K40000 K10000 K1    M9
                                              └──────┘
         SM8029
         ┤├                                              ┌─────┐
                                                         │ RST │      M61
                                                         └─────┘
```

ABS−2 cm

```
         M32                                            ┌─────┐
(127)    ┤├                                             │ SET │      M62
                                                        └─────┘
         M62
(144)    ┤├                                    ┌──────┐
                                              │DDRVA │ K−20000 K10000 K1   M11
                                              └──────┘
         SM8029
         ┤├                                              ┌─────┐
                                                         │ RST │      M62
                                                         └─────┘
```

ABS 0 cm

```
         M33                                            ┌─────┐
(161)    ┤├                                             │ SET │      M63
                                                        └─────┘
         M63
(177)    ┤├                                    ┌──────┐
                                              │DDRVA │ K0  K10000  K1    M13
                                              └──────┘
         SM8029
         ┤├                                              ┌─────┐
                                                         │ RST │      M63
                                                         └─────┘
```

INC 2 cm

```
         M40                                            ┌─────┐
(191)    ┤├                                             │ SET │      M64
                                                        └─────┘
         M64
(207)    ┤├                                    ┌──────┐
                                              │DDRVI │ K20000 K10000 K1    M15
                                              └──────┘
         SM8029
         ┤├                                              ┌─────┐
                                                         │ RST │      M64
                                                         └─────┘
```

INC−2 cm

```
         M41                                            ┌─────┐
(221)    ┤├                                             │ SET │      M65
                                                        └─────┘
         M65
(238)    ┤├                                    ┌──────┐
                                              │DDRVI │ K−20000 K10000 K1   M17
                                              └──────┘
         SM8029
         ┤├                                              ┌─────┐
                                                         │ RST │      M65
                                                         └─────┘
```

INC 4 cm

```
         M42                                            ┌─────┐
(255)    ┤├                                             │ SET │      M66
                                                        └─────┘
         M66
(271)    ┤├                                    ┌──────┐
                                              │DDRVI │ K40000 K10000 K1    M19
                                              └──────┘
         SM8029
         ┤├                                              ┌─────┐
                                                         │ RST │      M66
                                                         └─────┘
```

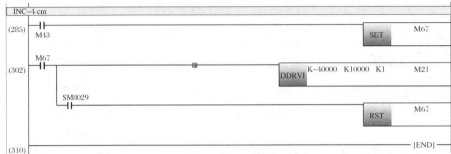

图 1.12.3　PLC 梯形图程序

4. PLC 通信设置。

打开 GX Works3 模块参数下的［高速 I/O］—［输出功能］—［定位］—［详细设置］，如图 1.12.4 及图 1.12.5 所示。

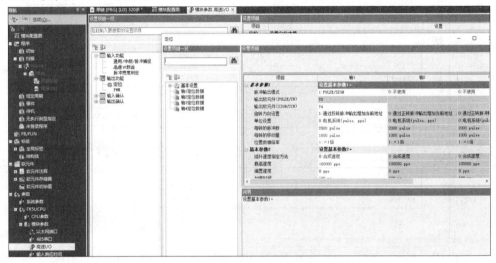

图 1.12.4　定位基本参数 1 设置

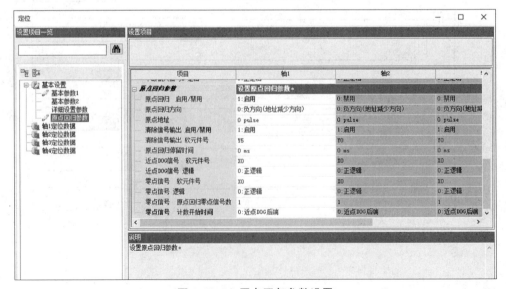

图 1.12.5　原点回归参数设置

5. 伺服参数设置界面(见图 1.12.6～图 1.12.9)

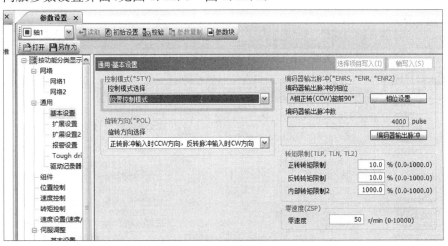

图 1.12.6　MR Configurator 控制模式选择

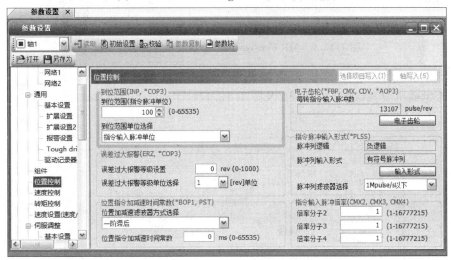

图 1.12.7　MR Configurator 位置控制参数设置

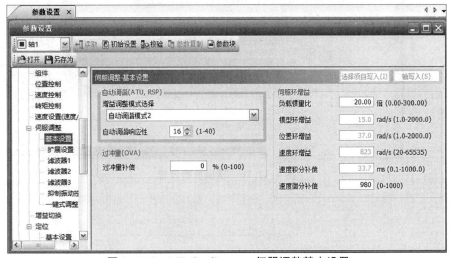

图 1.12.8　MR Configurator 伺服调整基本设置

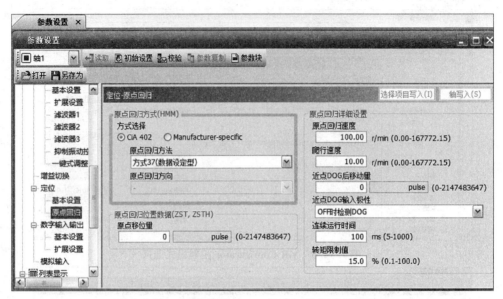

图 1.12.9　MR Configurator 原点回归方式选择设置

6. 人机通讯设置(见图 1.12.10 及图 1.12.11)

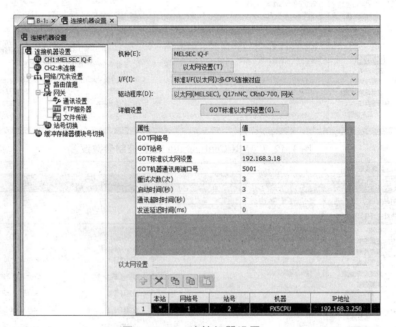

图 1.12.10　连接机器设置

图 1.12.11　GOT 写入

7. 人机界面(见图 1.12.12)

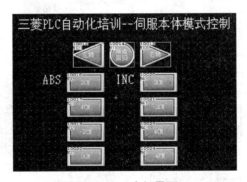

图 1.12.12　人机界面

8. 调试并运行程序

实验十三　伺服网络模式控制系统练习

一、实验目的

应用三菱电机 PLC 基本单元及伺服驱动系统构成的网络模式控制系统。

二、实验设备(见图 1.13.1)

1. LD-ZH19　三菱电机可编程控制器主机实验箱　　　　　　1 台
2. LD-ZH19　电源单元　　　　　　　　　　　　　　　　　1 台
3. LD-ZH19　伺服控制实验箱　　　　　　　　　　　　　　1 台
4. LD-SVM15　混合运动执行机构　　　　　　　　　　　　1 台
5. LD-ZH19　触摸屏实验箱　　　　　　　　　　　　　　　1 台
6. 连接导线　　　　　　　　　　　　　　　　　　　　　　1 套
7. 计算机　　　　　　　　　　　　　　　　　　　　　　　1 台

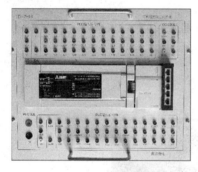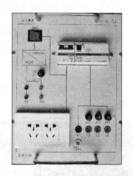
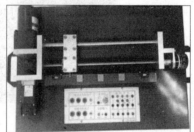

图 1.13.1　实验装置

三、实验内容

1. 控制要求

编写梯形图程序,实现伺服网络模式控制。

2. 接线图

PLC 及伺服驱动系统接线如图 1.13.2 所示。

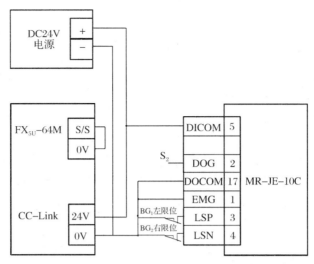

图 1.13.2　PLC 及伺服驱动系统接线图

3. 输入程序(见图 1.13.3)

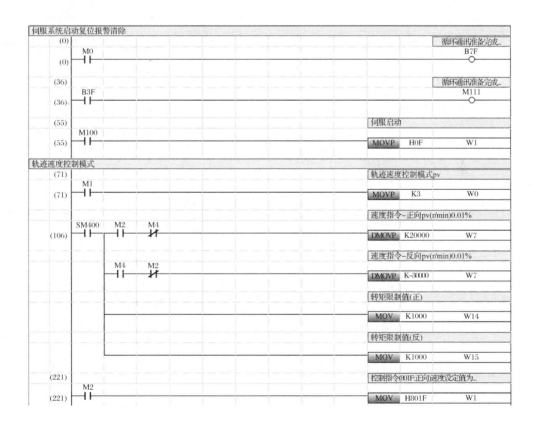

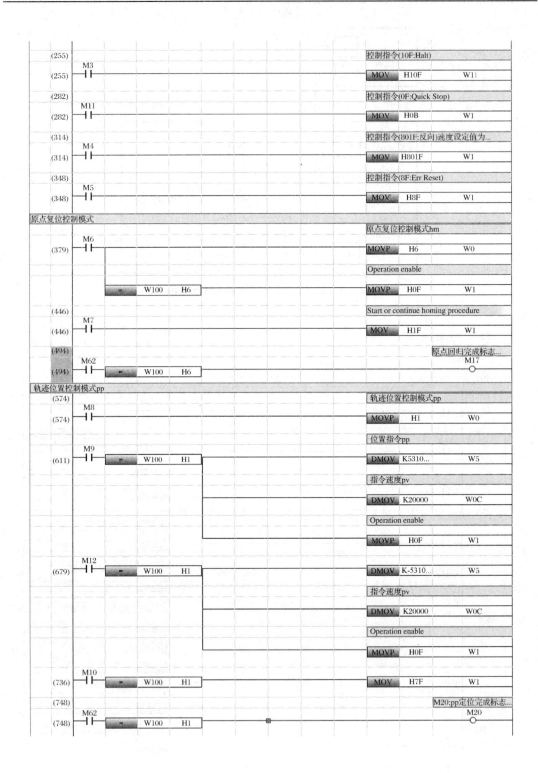

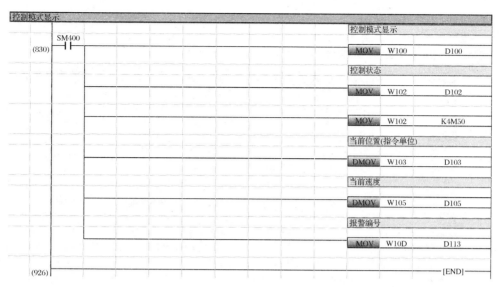

图 1.13.3　PLC 梯形图程序

4. 伺服参数设置界面（见图 1.13.4～图 1.13.6）

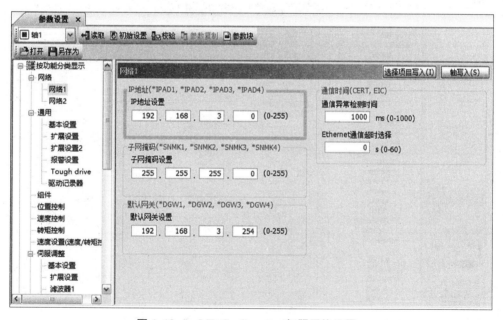

图 1.13.4　MR Configurator 伺服网络设置

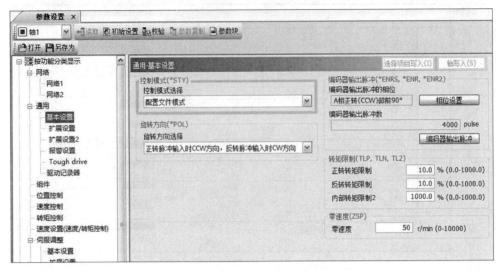

图 1.13.5　MR Configurator 控制模式选择

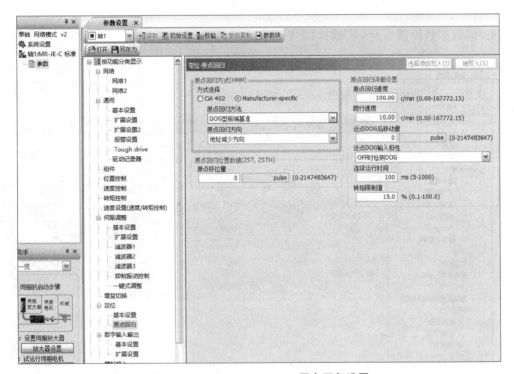

图 1.13.6　MR Configurator 原点回归设置

打开 GX Works3［模块参数］—［以太网端口］—［基本设置］,如图 1.13.7 及图 1.13.8 所示。

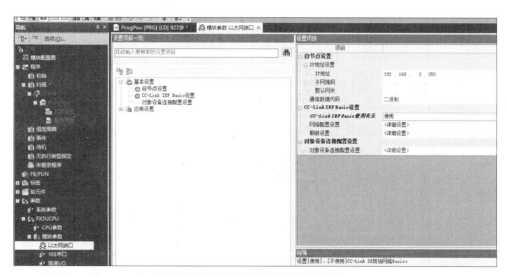

图 1.13.7　GX Works3 IP 地址设置

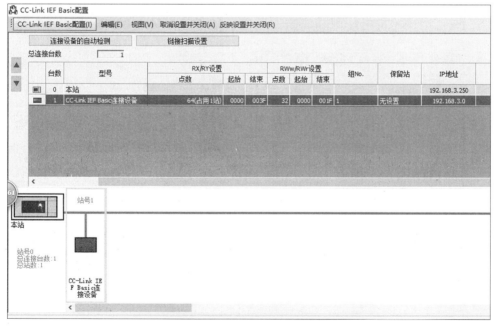

图 1.13.8　GX Works3 伺服网络详细设置

5. 人机通讯设置（见图 1.13.9 及图 1.13.10）

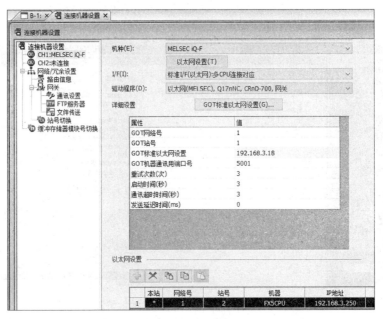

图 1.13.9 连接机器设置

图 1.13.10 GOT 写入

6. 人机界面(见图 1.13.11)

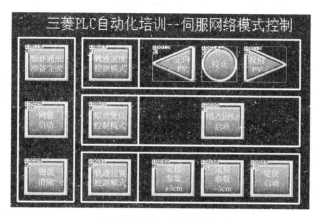

图 1.13.11　人机界面

7. 调试并运行程序

第二篇 综合实训课题

项目一 基于 FX$_{5U}$-PLC 单回路过程控制实训装置控制系统设计

一、系统结构(见图 2.1.1 及图 2.1.2)

图 2.1.1 过程控制实训装置

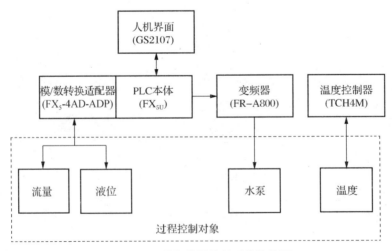

图 2.1.2 过程装置控制系统结构图

二、工作原理

1. 操作步骤

（1）PID 液位控制单元：通过人机界面设置液位控制 PID 参数经验值，下一步设置恒液位控制的液位设定值，然后按下人机界面画面中"PID 液位控制"按键，启动 PID 液位控制环节，当液位达到设定值并稳定后，手动设置干扰，观察液位控制 PID 自动调节过程，再次稳定后结束操作。

（2）自整定液位控制单元：通过人机界面设置液位目标稳定值，然后按下"自整定液位控制"按键，启动液位控制自整定功能，直至液位达到目标值并稳定后，手动设置干扰，观察自整定过程，再次稳定后结束操作。

注：FX_{5U}-PLC 配置有自整定功能，两种方法，此处液位调节采用极限循环法，阶跃响应方法读者可研读 FX_{5U}-PLC 使用手册进行验证。

（3）PID 流量控制单元：通过人机界面设置流量控制 PID 参数经验值和流量控制的流量目标值，然后按下人机界面画面中"PID 流量控制"按键，启动 PID 流量控制环节，当流量达到目标值并稳定后，手动设置干扰，观察 PID 流量控制自动调节过程，流量再次稳定后，结束操作。

（4）自整定流量控制单元：通过人机界面设置流量目标稳定值，然后按下人机界面画面中"自整定流量控制"按键，启动流量控制自整定功能，直至流量达到目标值并稳定后，手动设置干扰，观察自整定过程，流量再次稳定后，结束操作。

注：FX_{5U}-PLC 配置有自整定功能，两种方法，此处流量调节采用极限循环法，阶跃响应方法读者可研读 FX_{5U}-PLC 使用手册进行验证。

（5）PID 温度控制单元：按下温控器面板"MODE"4 s 进入参数组 2 界面，传感器设置为"PT100"，温度上限值与温度下限值，控制输出动作为"HEAT"，控制输出设置为"ssr"，SSRP 输出方式设置为"循环控制 CYCL"，然后按"MODE"返回参数组 1 设置界面，输入 PID 经验值后按"MODE"键返回主界面，通过按→↑↓按键，设置温度目标值，PID 温度控制开始工作，通过界面数码管显示，当温度达到目标值并稳定后，手动放水干扰，观察 PID 温度自动调节过程，温度再次稳定后，结束操作。

（6）自整定温度控制单元：按下"MODE"4 s 进入参数组 2 界面，传感器设为"PT100"，温度上限值与温度下限值，控制输出动作为"HEAT"，控制输出设置为"ssr"，SSRP 输出方式设置为"循环控制 CYCL"，然后按"MODE"返回参数组 1 设置界面，将自整定设置为"ON"后按"MODE"键返回主界面，通过按→↑↓按键，设置温度目标值，PID 温度控制开始工作，通过界面数码管显示，当温度达到目标值并稳定后，手动放水干扰，观察 PID 温度自动调节过程，温度再次稳定后，结束操作。

2. GX Works3 创建工程与参数设置操作步骤（见图 2.1.3～图 2.1.6）

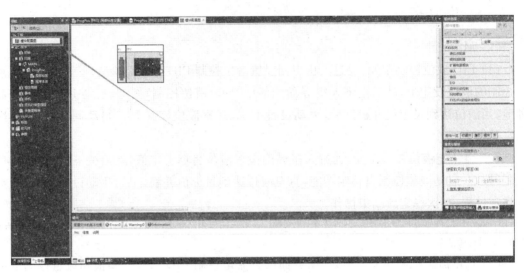

图 2.1.3　GX Works3 配置图

在左侧导航列表中双击"模块配置图",然后在右侧部件选择列表中打开"模拟适配器"列表。打开模拟适配器列表后找到"FX5-4AD-ADP 4 通道(电压·电流)适配",并用鼠标按住将它拖出移至配置图中 FX5U 的左侧第一块。

注:过程控制装置需要配置至少两个 A/D 转换通道的模块,用于采集传感器的电压或电流信号,同时需要配置至少一个 D/A 通道为变频器外部模拟量控制端口 2、5 提供模拟量信号。FX5U 中本身具有两个 A/D 直流电压转换通道和一个 D/A 直流电压输出通道,但是由于液位传感器是两线制电流输出信号,所以需要一个 FX5-4AD-ADP 适配器采集电流信号。

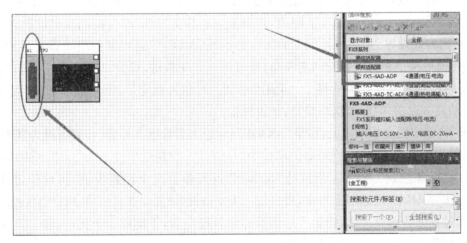

图 2.1.4　FX5U 与 FX5-4AD-ADP 硬件配置

在工程左侧的导航列表中点击"参数-FX5UCPU-模块参数-模拟输出",双击模拟输出进入 FX5U-CPU 内部 D/A 参数模块设置,将 D/A 转换允许和 D/A 输出允许设置为允许。

图 2.1.5 FX₅ᵤ-CPU 内部 D/A 参数模块配置

然后在左侧导航列表中找到"参数-模块信息-ADP1：FX5-4AD-ADP-模块参数"，双击模块参数进入 FX5-4AD-ADP 参数设置。

进入 FX5-4AD-ADP 参数设置，将 CH1 通道转换设置为"允许状态"，平均处理设置为"时间平均"，时间平均为"100 ms"，输入范围为"电流输入（4～20 mA）"。

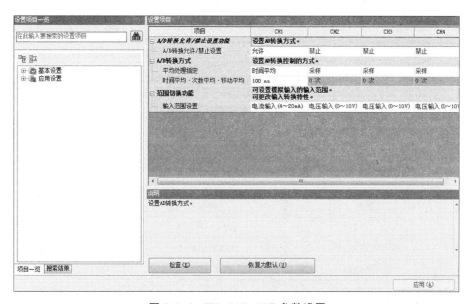

图 2.1.6 FX₅-4AD-ADP 参数设置

3. 系统操作流程(见图 2.1.7)

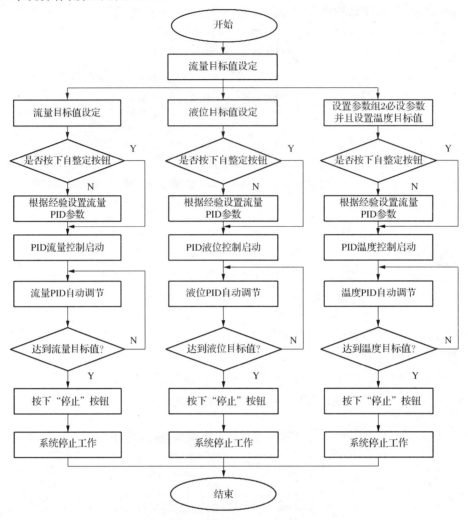

图 2.1.7　系统操作流程图

三、主要元器件清单(见表 2.1.1)

表 2.1.1　主要元器件清单表

编号	器件	型号	备注
1	空气开关 4P	BV-D 4P 25A	三菱电机
2	空气开关 2P	BH-D10 C16	三菱电机
3	开关电源	EDR-120-24	明纬
4	人机界面	GS2107	三菱电机
5	FX$_{5U}$-PLC	FX$_{5U}$-32MT/ES	三菱电机
6	模/数转换适配器	FX$_5$-4AD-ADP	三菱电机
7	变频器	FR-A800	三菱电机
8	过程控制执行对象	LD-PCS16	南京菱电

四、实训系统电路设计

1. 电气布局图(见图2.1.8)

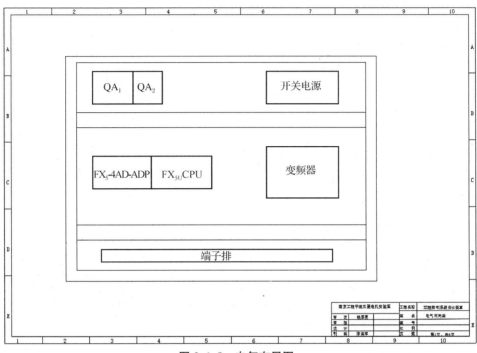

图 2.1.8　电气布局图

2. 电源电路(见图2.1.9)

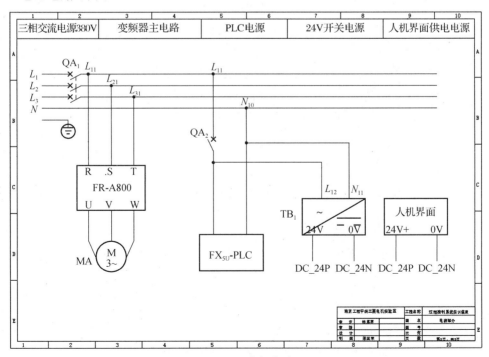

图 2.1.9　电源电路

3. PLC 输入/输出电路(见图 2.1.10)

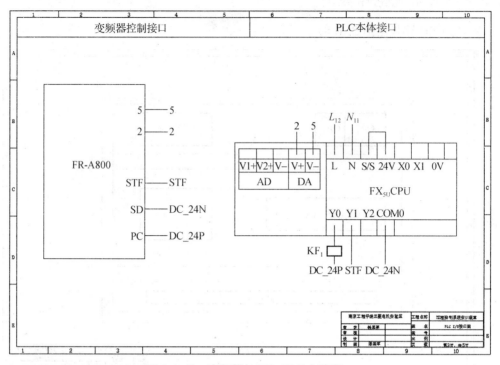

图 2.1.10 变频器与 FX₅U PLC 电路图

4. 模拟转换适配器电路(见图 2.1.11)

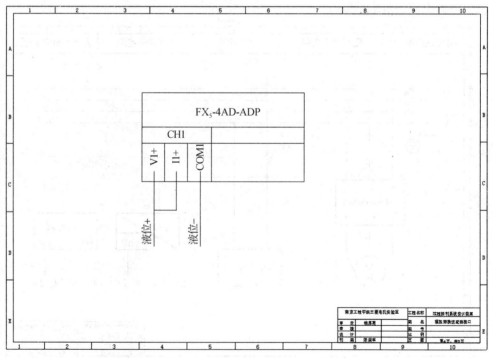

图 2.1.11 FX₅-4AD-ADP 接口图

5. 温度控制单元电路(见图 2.1.12)

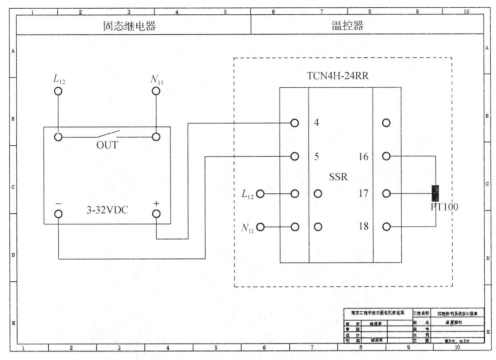

图 2.1.12　温度控制接线图

五、I/O 地址分配表(见表 2.1.2)

表 2.1.2　I/O 地址分配表

地址	说明	电路图端口
Y0	水泵启动信号	KF1
Y1	正转启动信号	STF
FX5U　DA(V+)	变频器端子 2 输入	DA(V+)
FX5U　DA(V−)	变频器端子 5 输入	DA(V−)

六、人机界面设计

1. 人机界面设计页面(见图 2.1.13 及图 2.1.14)

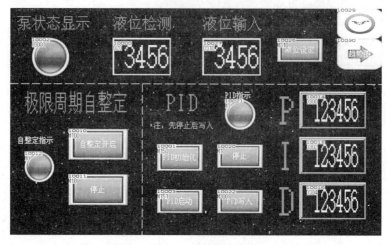

图 2.1.13　人机界面主界面

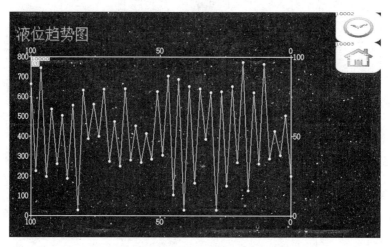

图 2.1.14　人机界面趋势图

2. 人机界面配置软元件(见表 2.1.3)

表 2.1.3　PLC 内部辅助继电器与寄存器地址表

辅助软元件	说明	辅助软元件	说明
M0	自整定指示	D20	液位实际值
M1	PID 指示	D310	液位设定值
M150	PID 参数初始化	D300	P 参数
M151	PID 启动	D302	I 参数
M100	自整定启动	D304	D 参数
M10	停止		
M300	手动 PID 参数写入		
M310	手动液位设定		

七、参考程序(见图 2.1.15)

1	(0)	SM400 上电常 ON	MOV SD6300 AD 采样值 — D20

2 水泵启动

3	(7)	M0	Y0 水泵 启动
4		M1	

5 液位 PID

6	(22)	M150	MOV K350 — D400
7			MOV K20 — D410
8			SET D411.0
9			SET D411.5
10			MOV K1000 — D432
11			MOV K0 — D433
12			MOV K100 — D413
13			MOV K10 — D414
14			MOV K10 — D416
15			RST D402
16			MOV D400 — D310

17	(75)	M151								PID	D400	D20	D410	D402
18		M1	M10											M1
19	(89)	SM400 上电常 ON	M1							×	D402	K2	SD6180	

20 | 自整定

21	(100)	M100								MOV	K900	D500
22										MOV	K20	D510
23										SET		D511.0
24										SET		D511.6
25										MOV	K300	D535
26										MOV	K1000	D536
27										MOV	K0	D537
28										MOV	K-50	D538
29										SET		D511.4
30										MOV	D500	D310
31	(147)	M100								RST		D502
32	(154)	D511.4								PID	D500	D20	D510	D502

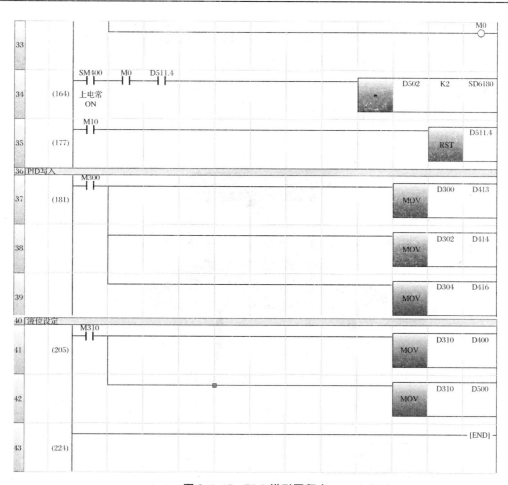

图 2.1.15　PLC 梯形图程序

项目二 基于 FX$_{5U}$-PLC 伺服随动控制实训装置控制系统设计

一、系统结构(见图 2.2.1 及图 2.2.2)

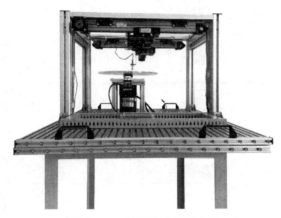

图 2.2.1 伺服随动实训装置

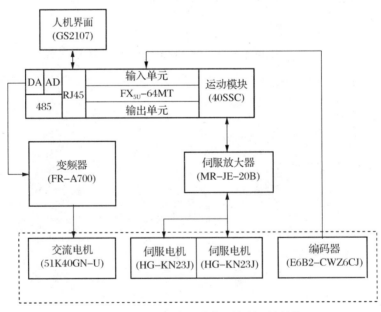

图 2.2.2 伺服随动实训装置控制系统结构

二、工作原理

1. 运行步骤

(1) 手动控制:是指通过外部装置向定位模块 40SSC 发布指令信号后,40SSC 能够输出任意的脉冲串来进行位置控制。通过该手动控制功能,能够将工件移动至任意位置(JOG 运行),也能用于进行定位控制的微调(点动运行、手动脉冲发生器运行)等场合。

① 在人机界面上按下伺服开启信号,使得 40SSC 定位模块上输出 X 轴和 Y 轴的伺服 ON 信号。

② 在人机界面上按住屏幕上的左移、右移、上移、下移手动按键,通过手动按键便能手动定位到想要的位置。

a. 左移功能:按下人机界面左移按钮,跟随传感器向 X 正方向移动。

b. 右移功能:按下人机界面右移按钮,跟随传感器向 X 负方向移动。

c. 上移功能:按下人机界面上移按钮,跟随传感器向 Y 正方向移动。

d. 下移功能:按下人机界面下移按钮,跟随传感器向 Y 负方向移动。

(2) 原点回归:是指确定定位控制时的起点,定位控制时由该起点向目标位置移动进行定位。伺服驱动实训装置在伺服随动工作台的 X 轴和 Y 轴的中间位置上分别装配一个接近开关,将装配在 X 轴和 Y 轴上的接近开关作为两轴的原点回归到位信号,利用接近开关检测到金属后停止运作的工作原理来确定两轴原点位置,从而实现位置控制系统中机械原点的回归功能。

① 在人机界面上按下伺服开启信号,使得 40SSC 模块上输出 X 轴和 Y 轴的伺服 ON 信号。

② 人机界面上按下原点回归按键,原点控制传感器检测当前位置是否在原点上。

③ 如果当前位置处在原点位置时,两轴原点回归完成;如果当前位置不处在原点位置时,两轴分别向坐标轴正方向移动。

④ 如果正向移动碰撞到正向接近开关信号后,利用原点回归重试功能,X 轴和 Y 轴分别向坐标轴负方向运动,直到两轴原点控制传感器检测到原点信号后,伺服电机停止动作。

(3) 定位控制:是指使用保存于 40SSC 的"定位数据"进行控制的功能。通常在进行位置控制的基本控制时,需要在定位数据中设定必要项目,通过启动该定位数据执行定位控制。

① 给变频器设定频率信号,在人机界面上按下三相交流异步电机"启动"按键,圆盘开始旋转。

② 在人机界面上按下跟随按键,跟随传感器向 Y 轴正方向做直线运动。

③ 跟随传感器检测到磁钢信号后停留在当前位置并等待下一次磁钢检测信号。

④ 跟随传感器检测到下一次磁钢信号,X 轴、Y 轴以(0,0)为圆心,磁钢所在位置与(0, 0)之间距离为半径做圆弧插补。

⑤ 跟随传感器跟随磁钢做圆周运动,按下人机界面停止按键,双轴伺服运动停止动作,三相交流异步电动机停止动作。

2. 系统操作流程(见图 2.2.3~图 2.2.5)

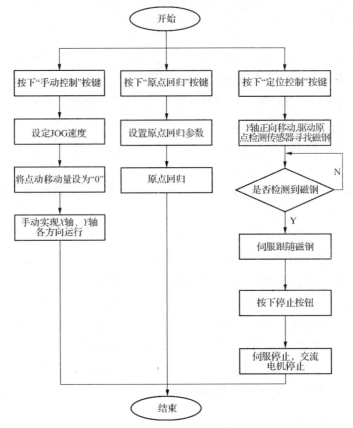

图 2.2.3　PLC 流程图

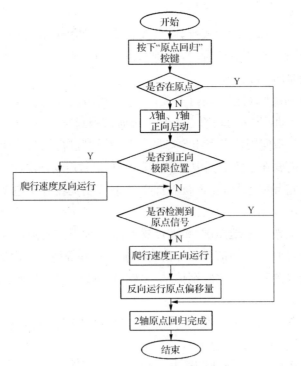

图 2.2.4　双轴原点回归流程图

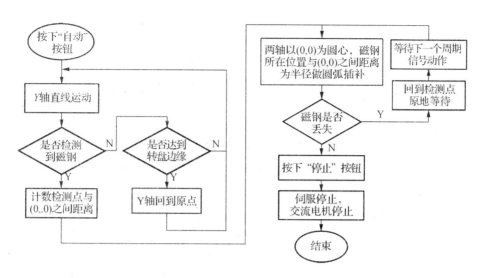

图 2.2.5 磁钢检测、跟随流程图

三、主要元器件清单(见表 2.2.1)

表 2.2.1 主要元器件清单

编号	器件	型号	数量	备注
1	空气开关	BV-D 4P 25A	1	三菱电机
2		BH-D6 C16	1	三菱电机
3	开关电源	NES-100-24	1	明纬
4	变频器	FR-A740-0.75K-CHT	1	三菱电机
5	PLC	FX$_{5U}$-64MT/ES	1	三菱电机
6	定位模块	FX$_5$-40SSC-S	1	三菱电机
7	人机界面	GS2107-WTBD	1	三菱电机
8	伺服电机	HG-KN23J-S100	2	三菱电机
9	伺服放大器	MR-JE-20B	2	三菱电机
10	伺服随动控制装置	LD-SV02S	1	南京菱电

四、系统电路设计

1. 电气布局图(见图 2.2.6)

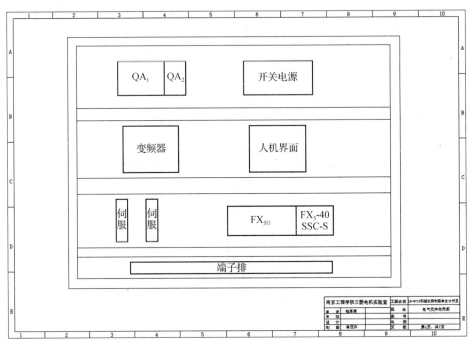

图 2.2.6　系统电气布局图

2. 电源电路(见图 2.2.7)

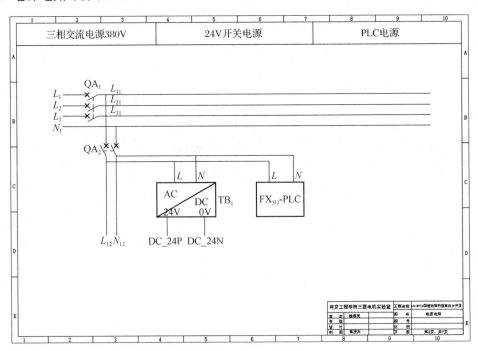

图 2.2.7　电源电路

3. PLC 输入/输出电路(见图 2.2.8)

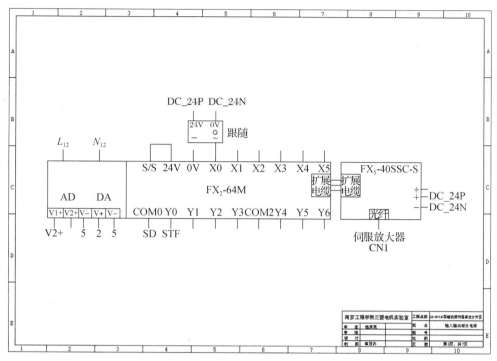

图 2.2.8　PLC 输入/输出电路

4. 变频器模块电路(见图 2.2.9)

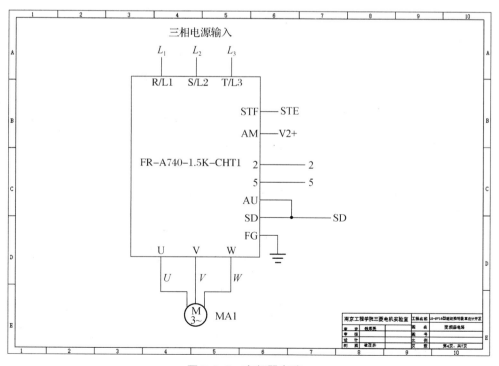

图 2.2.9　变频器电路

5. MR-JE-20B 伺服放大器(X 轴)(见图 2.2.10)

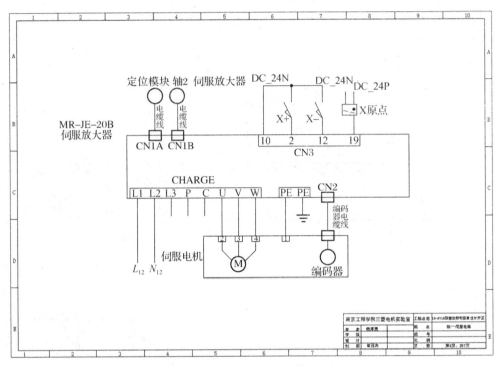

图 2.2.10　伺服放大器(X 轴)电路

6. MR-JE-20B 伺服放大器(Y 轴)(见图 2.2.11)

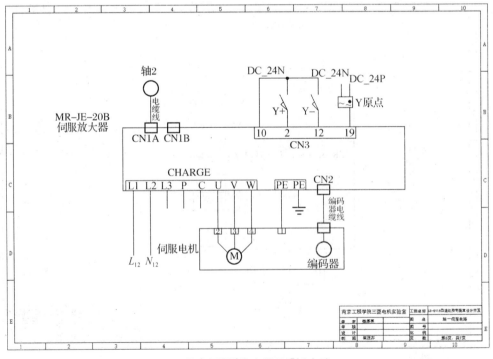

图 2.2.11　伺服放大器(Y 轴)电路

7. 端子排(见图 2.2.12)

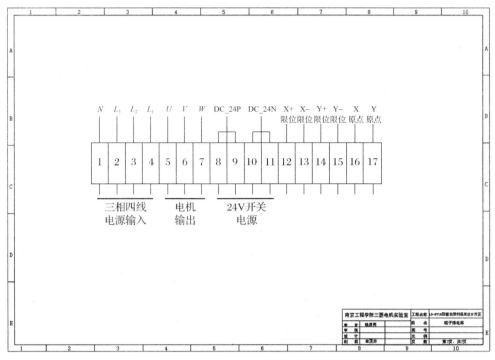

图 2.2.12　设备端子排分布

五、I/O 地址分配表(见表 2.2.2)

表 2.2.2　I/O 地址分配表

地址	说明	电路图端口	地址	说明	电路图端口
X0	原点跟随信号	跟随	FX_{5U}　DA(V+)	变频器端子 2 输入	DA(V+)
Y0	正转启动信号	STF	FX_{5U}　DA(V−)	变频器端子 5 输入	DA(V−)
			FX_{5U}　AD(V1+)	变频器端子 AM 输入	AD(V1+)
			FX_{5U}　AD(V−)	变频器模拟量 公共端	AD(V−)

六、人机界面设计

1. 人机界面配置软元件(见表 2.2.3)

表 2.2.3　人机界面对应软元件地址表

序号	地址	功能说明
1	M0	原点回归
2	M201	左移按钮

（续表 2. 2. 3）

序号	地址	功能说明
3	M200	右移按钮
4	M101	上移按钮
5	M100	下移按钮
6	M250	停止复位
7	M99	伺服开启
8	M402	三相电机启动
9	M405	三相电机停止
10	M420	跟随补偿加
11	M421	跟随补偿减
12	M406	设定频率加
13	M407	设定频率减
14	M400	启动跟随
15	M401	停止跟随
16	D100	X 当前位置
17	D104	X 当前速度
18	D200	Y 当前位置
19	D204	Y 当前速度
20	D412	跟随补偿
21	D30	设定频率

2. 人机界面设计页面（见图 2.2.13）

X当前位置：10027 / D100　mm　Y当前位置：10029 / D200　mm

X当前速度：10028 / D104　mm/s　Y当前速度：10030 / D204　mm/s

磁钢转速：10038 / D304　rpm

 伺服ON　 伺服复位　启动跟随　停止跟随

跟踪监视

跟随补偿

设定频率

 电机启动　 电机停止

图 2.2.13　人机界面画面

七、伺服及定位模块 40SSC 参数设置

1. 伺服参数设定

（1）打开伺服放大器设定软件 MR Configurator2，在软件中新建工程，将机种设置成 MR-JE-B 型，"连接设置"设置成伺服放大器连接 USB（见图 2.2.14）。

（2）在新建好的工程中双击工程中的参数，在其基本设置中选择旋转方向，正转脉冲输入时 CW 方向，反转脉冲输入时 CCW 方向，零速度改为 50 r/min。伺服强制停止选择为无效（不使用强制停止输入 EM2 以及 EM1）（见图 2.2.15）。

（3）在伺服调整的基本设置中将"增益调整模式选择"设置为自动调谐模式 2，将"负载惯量比"设置为 20（可根据负载进行调整）。这里一定要注意把伺服参数设置好，只有设置良好的参数才能使伺服电机稳定可控。具体如图 2.2.16 所示。

（4）在列表显示中将 PC17 更改为 1，并将 PD03、PD04 与 PD05 分别更改为 20、21、22（见图 2.2.17 及图 2.2.18）。

图 2.2.14　伺服驱动机种选择

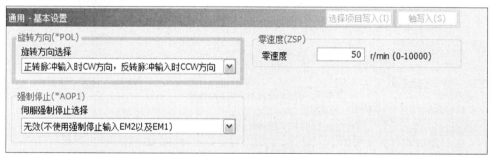

图 2.2.15　通用-基本设置界面

图 2.2.16　基本参数设置界面 1

| PC17 | **COP4 | 功能选择C-4 | | 0000-1102 | 0001 |

图 2.2.17　基本参数设置界面 2

PD03	*DI1	制造商设置用		0000-003F	0020
PD04	*DI2	制造商设置用		0000-003F	0021
PD05	*DI3	制造商设置用		0000-003F	0022

图 2.2.18　基本参数设置界面 3

2. 40SSC 定位模块参数设定(具体操作如图 2.2.19～图 2.2.22 所示)

(1) 基本参数 1 中设置单位设置单位为 0:mm,每转脉冲量设为 750.0 μm(根据运动机构参数设置)。

(2) 基本参数 2 中设置速度限制值为 60 000.00 mm/min,加速时间和减速时间都设置为 1 ms。

(3) 详细参数 1 中将软件行程限位设置成禁用,指令到位范围改为 0.1 μm(此参数与伺服设置中机械侧单位一致),"输入信号上下限逻辑选择"选为正逻辑。FLS 信号、RLS 信号与 DOG 信号设置为伺服放大器。

(4) 详细参数 2 中将 JOG 速度限制值改为 400.00 mm/min。

(5) 原点回归基本参数中将原点回归速度设定为 50.00 mm/min,爬行速度设定为 20.00 mm/min(设定爬行速度不可比原点回归速度快)。"原点回归重试功能"设定成通过限位开关进行原点回归重试功能。

(6) 原点回归详细参数中设定原点移位量,根据每个系统的机械结构而设定不同的移位值。(本次原点移位量的设定是为了使机械原点和旋转圆盘的中心点重合)具体参数设定如图 2.2.22 所示。

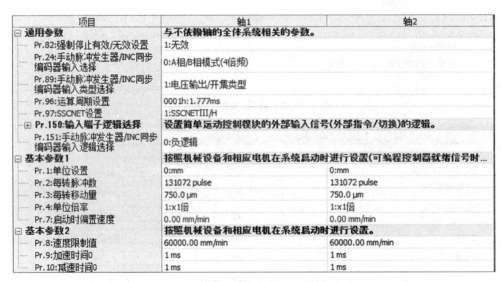

项目	轴1	轴2
□ 通用参数	与不依赖轴的全体系统相关的参数。	
── Pr.82:强制停止有效/无效设置	1:无效	
── Pr.24:手动脉冲发生器/INC同步编码器输入选择	0:A相/B相模式(4倍频)	
── Pr.89:手动脉冲发生器/INC同步编码器输入类型选择	1:电压输出/开集类型	
── Pr.96:运算周期设置	0001h:1.777ms	
── Pr.97:SSCNET设置	1:SSCNETⅢ/H	
⊞ Pr.150:输入端子逻辑选择	设置简单运动控制模块的外部输入信号(外部指令/切换)的逻辑。	
── Pr.151:手动脉冲发生器/INC同步编码器输入逻辑选择	0:负逻辑	
□ 基本参数1	按照机械设备和相应电机在系统启动时进行设置(可编程控制器就绪信号时 ...	
── Pr.1:单位设置	0:mm	0:mm
── Pr.2:每转脉冲数	131072 pulse	131072 pulse
── Pr.3:每转移动量	750.0 μm	750.0 μm
── Pr.4:单位倍率	1:×1倍	1:×1倍
── Pr.7:启动时偏置速度	0.00 mm/min	0.00 mm/min
□ 基本参数2	按照机械设备和相应电机在系统启动时进行设置。	
── Pr.8:速度限制值	60000.00 mm/min	60000.00 mm/min
── Pr.9:加速时间0	1 ms	1 ms
── Pr.10:减速时间0	1 ms	1 ms

图 2.2.19　基本参数 1 设置界面

详细参数1	按照系统配置在系统启动时进行设置(可编程控制器就绪信号时有效)。	
Pr.11:齿隙补偿量	0.0 μm	0.0 μm
Pr.12:软件行程限位上限值	214748364.7 μm	214748364.7 μm
Pr.13:软件行程限位下限值	-214748364.8 μm	-214748364.8 μm
Pr.14:软件行程限位选择	0:对进给当前值设置软件行程限位	0:对进给当前值设置软件行程限位
Pr.15:软件行程限位有效/无效设置	0:有效	0:有效
Pr.16:指令到位范围	10.0 μm	10.0 μm
Pr.17:转矩限制设定值	300.0 %	300.0 %
Pr.18:M代码ON信号输出时序	0:WITH模式	0:WITH模式
Pr.19:速度切换模式	0:标准速度切换模式	0:标准速度切换模式
Pr.20:插补速度指定方法	0:合成速度	0:合成速度
Pr.21:速度控制时的进给当前值	0:不进行进给当前值的更新	0:不进行进给当前值的更新
Pr.22:输入信号逻辑选择:下限限位	1:正逻辑	1:正逻辑
Pr.22:输入信号逻辑选择:上限限位	1:正逻辑	1:正逻辑
Pr.22:输入信号逻辑选择:停止信号	0:负逻辑	0:负逻辑
Pr.22:输入信号逻辑选择:近点DOG信号	0:负逻辑	0:负逻辑
Pr.81:速度·位置功能选择	0:速度·位置切换控制(INC模式)	0:速度·位置切换控制(INC模式)
Pr.116:FLS信号选择:输入类型	1:伺服放大器	1:伺服放大器
Pr.117:RLS信号选择:输入类型	1:伺服放大器	1:伺服放大器
Pr.118:DOG信号选择:输入类型	1:伺服放大器	1:伺服放大器
Pr.119:STOP信号选择:输入类型	2:缓冲存储器	2:缓冲存储器

图 2.2.20　详细参数 1 设置界面

详细参数2	按照系统配置在系统启动时进行设置(应需设置)。	
Pr.25:加速时间1	1 ms	1 ms
Pr.26:加速时间2	1 ms	1 ms
Pr.27:加速时间3	1 ms	1 ms
Pr.28:减速时间1	1 ms	1 ms
Pr.29:减速时间2	1 ms	1 ms
Pr.30:减速时间3	1 ms	1 ms
Pr.31:JOG速度限制值	400.00 mm/min	400.00 mm/min
Pr.32:JOG运行加速时间选择	0:1	0:1
Pr.33:JOG运行减速时间选择	0:1	0:1
Pr.34:加减速处理选择	0:梯形加减速处理	0:梯形加减速处理
Pr.35:S曲线比率	100 %	100 %
Pr.36:急停止减速时间	1000 ms	1000 ms
Pr.37:停止组1急停止选择	0:通常的减速停止	0:通常的减速停止
Pr.38:停止组2急停止选择	0:通常的减速停止	0:通常的减速停止
Pr.39:停止组3急停止选择	0:通常的减速停止	0:通常的减速停止
Pr.40:定位完成信号输出时间	300 ms	300 ms
Pr.41:圆弧插补误差允许范围	10.0 μm	10.0 μm
Pr.42:外部指令功能选择	0:外部定位启动	0:外部定位启动
Pr.83:degree轴速度10倍指定	0:无效	0:无效
Pr.84:伺服OFF→ON时的重新启动允许值范围设置	0 pulse	0 pulse
Pr.90:速度·转矩控制模式动作设置:转矩初始值选择	0:指令转矩	0:指令转矩
Pr.90:速度·转矩控制模式动作设置:速度初始值选择	0:指令速度	0:指令速度
Pr.90:速度·转矩控制模式动作设置:模式切换时条件选择	0:模式切换时的切换条件有效	0:模式切换时的切换条件有效
Pr.127:控制模式切换时速度限制值取得选择	0:可取得	0:可取得
Pr.95:外部指令信号选择	0:未使用	0:未使用

图 2.2.21　详细参数 2 设置界面

原点回归基本参数	设置进行原点回归控制所需要的值(可编程控制器就绪信号时有效)。	
Pr.43:原点回归方式	0:近点DOG型	0:近点DOG型
Pr.44:原点回归方向	0:正方向(地址增加方向)	1:负方向(地址减少方向)
Pr.45:原点地址	0.0 μm	0.0 μm
Pr.46:原点回归速度	50.00 mm/min	50.00 mm/min
Pr.47:爬行速度	20.00 mm/min	20.00 mm/min
Pr.48:原点回归重试	1:进行限位开关的原点回归重试	1:进行限位开关的原点回归重试
原点回归详细参数	设置进行原点回归控制所需要的值(可编程控制器就绪信号时有效)。	
Pr.50:近点DOG ON后的移动量设置	0.0 μm	0.0 μm
Pr.51:原点回归加速时间选择	0:1	0:1
Pr.52:原点回归减速时间选择	0:1	0:1
Pr.53:原点移位量	-370.0 μm	368.0 μm
Pr.54:原点回归转矩限制值	300.0 %	300.0 %
Pr.55:原点回归未完成时动作设置	0:不执行定位控制	0:不执行定位控制
Pr.56:原点移位时的速度指定	0:原点回归速度	0:原点回归速度
Pr.57:原点回归重试时的停留时间	1 ms	0 ms
Pr.86:脉冲转换模块原点回归请求设置	0:伺服OFF时原点回归请求为ON	0:伺服OFF时原点回归请求为ON
Pr.87:脉冲转换模块清零信号输出后待机时间	0 ms	0 ms
扩展参数	按照系统配置在系统启动时设置(电源开启后或可编程控制器 CPU 复位后…	
Pr.91:任意数据监视:数据类型设置1	0:未设置	0:未设置
Pr.92:任意数据监视:数据类型设置2	0:未设置	0:未设置
Pr.93:任意数据监视:数据类型设置3	0:未设置	0:未设置
Pr.94:任意数据监视:数据类型设置4	0:未设置	0:未设置

图 2.2.22　原点回归参数设置

3. 定位数据设定(具体设置如图 2.2.23 及图 2.2.24 所示)

No.	运行模式	控制方式	插补对象轴	加速时间号	减速时间号	定位地址	圆弧地址	指令速度	停留时间	M代码
1						0.0 μm	0.0 μm	0.00 mm/min		0
	<定位注释>									
2	1:连续	83h:LOOP(次数)	-	0:1	0:1	0.0 μm	0.0 μm	0.00 mm/min	0 ms	4
	<定位注释>									
3	3:轨迹	0Fh:ABS 圆弧右	轴2	0:1	0:1	0.0 μm	0.0 μm	0.01 mm/min	0 ms	0
4	1:连续	84h:LEND	-	0:1	0:1	0.0 μm	0.0 μm	0.00 mm/min	3 ms	0
	<定位注释>									

图 2.2.23　轴一(X 轴)定位数据

No.	运行模式	控制方式	插补对象轴	加速时间号	减速时间号	定位地址	圆弧地址	指令速度	停留时间	M代码
1	0:结束	0Ah:ABS 直线2	轴1	0:1	0:1	11000.0 μm	0.0 μm	4.00 mm/min	0 ms	0
	<定位注释>									
2										
	<定位注释>									
3						0.0 μm	0.0 μm	0.00 mm/min		0
	<定位注释>									
4										
	<定位注释>									

图 2.2.24　轴二(Y 轴)定位数据

（1）轴一定位数据中，因为轴一完成的动作是插补跟随，所以需要轴一连续运动，并且两个轴的定位数据是相互影响的。No.1 数据在轴二中需要设置，所以将其空余。No.2 数据开始设置，No.2 设置为循环的开始，运行模式选择为 1：连续、控制方式选择为 83h：Loop（次数）、加减速时间均选择为 0：1、M 代码填写 4。M 代码是循环的次数，本次选择为 4，表示旋转 4 圈为一个周期，等待下个磁钢信号开展下一个周期。No.3 数据为轴一的运行数据，轴一是插补轴，运行模式选择：3：轨迹，控制方式需要根据圆盘的旋转方向选择控制方式，本次圆盘正转，选择 0Fh：ABS 圆弧右。插补对象轴设置的是所使用的另一轴，选择为轴 2，指令速度设置为 0.01 mm/min。No.4 数据为本次循环的结束，运行模式选择 1：连续，控制方式选择为 84 h：LEND，停留时间设置为 3 ms。

（2）轴二定位数据中，本次将轴二定义为寻找磁钢的轴，所以只需要直线指令，寻找磁钢动作在跟随动作前，所以在 No.1 数据中设置，运行模式设置为 0：结束，因为寻找磁钢只需要动作一次，控制方式为 0Ah：ABS 直线 2，插补对象轴为轴 1，加减速时间均为 0：1，定位数据为从原点到轴 2 限位的距离，以防止没有感应到磁钢而持续运动的情况，从而避免机械限位损坏器件，所以本次设置为 11 000.0 μm，指令速度设置为 4.00 mm/min，设置完成。

八、参考程序

PLC 程序主要分以下五个部分（见图 2.2.25）。

（1）JOG 运行

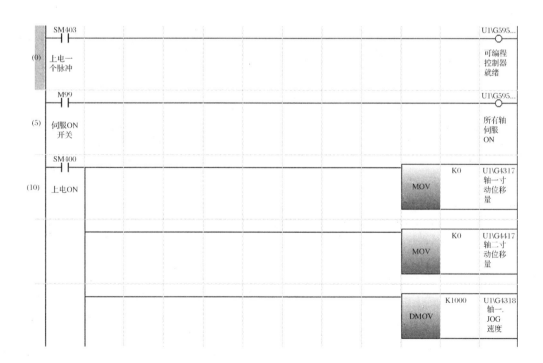

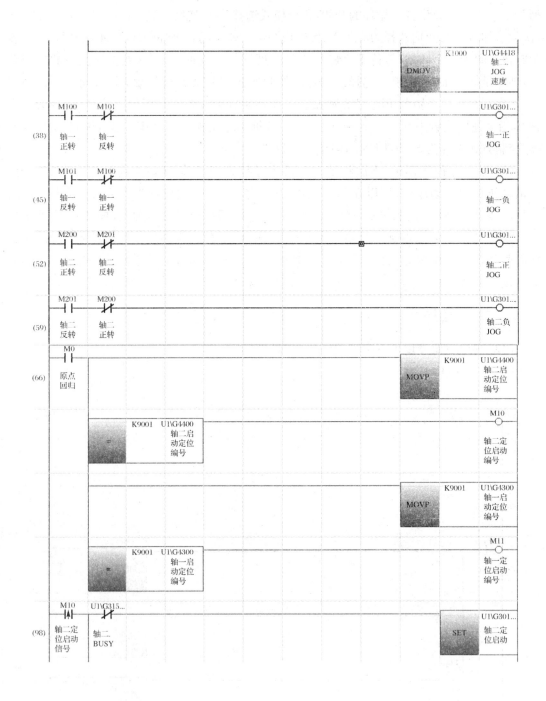

```
        M202
        ─┤↑├─
        轴二寻
        找磁钢

      U1\G251...  U1\G301...                                              U1\G301...
(112) ─┤├──────┤├─                                              ┌─────┐   轴二定
      轴二状      轴二定                                          │ RST │   位启动
      态原点      位启动                                          └─────┘
      回归完
      成标志

        M250
        ─┤├─
        伺服
        复位

      U1\G251...
        ─┤↑├─
      轴二状
      态定位
      完成

        M11     U1\G315
(128) ─┤├──────┤╱├─                                              ┌─────┐   U1\G301...
      轴一定      轴一.                                           │ SET │   轴一定
      位启动      BUSY                                            └─────┘   位启动
      信号

        M104
        ─┤↑├─
      轴二寻
      找磁钢
      标志

      U1\G241...  U1\G301...                                              U1\G301...
(142) ─┤├──────┤├─                                              ┌─────┐   轴一定
      轴一状      轴一定                                          │ RST │   位启动
      态原点      位启动                                          └─────┘
      回归完
      成信号

        M250
        ─┤├─
        伺服
        复位

      U1\G241
        ─┤↑├─
      轴一状
      态定位
      完成

        M250                                                             U1\G430...
(158) ─┤├─┬─────────────────────────────────────────────────────────────( )
        伺服 │                                                          轴一轴
        复位 │                                                          错误复
             │                                                          位
             │                                                           U1\G440...
             └─────────────────────────────────────────────────────────( )
                                                                        轴二轴
                                                                        错误复
                                                                        位

                                                                      ──[END]──
(166)
```

（2）变频调速

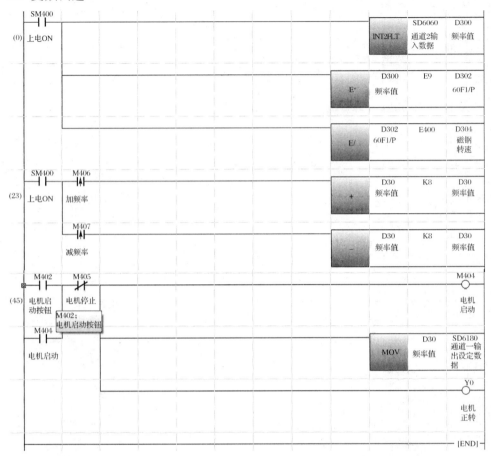

（3）寻找半径

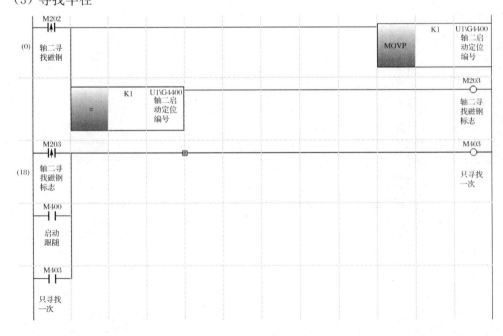

	SM400	X2	M403									D200	D0
(28)	├┤	├/┤	├┤								DMOVP	人机轴二当前进给值	轴二当前进给值
	上电ON	感应到磁钢	只寻找一次										
											SET		U1\G301... 轴二轴停止
			◙								RST		M403 只寻找一次
											MOV	K80	D2 磁钢补偿

	SM400										D0	D2	D4
(49)	├┤									D+	轴二当前进给值	磁钢补偿	整型磁钢位置
	上电ON												
										DINT2FLT	D4 整型磁钢位置	D6 实数磁钢位置	
										E/	D6 实数磁钢位置	E10	D8 实数磁钢位置
										E*	E6.283185 实数磁钢位置	D8 实数磁钢位置	D10 实数磁钢所在位置周长

	SM400	U1\G315...											U1\G301...
(76)	├┤	├/┤								RST			轴二轴停止
	上电ON	轴二BUSY											

	M300	SM400										D10	D304	D400
(84)	├┤	├┤								E*	实数磁钢所在位置周长	磁钢转速	磁钢一分钟走过的距离
	自动运行	上电ON											

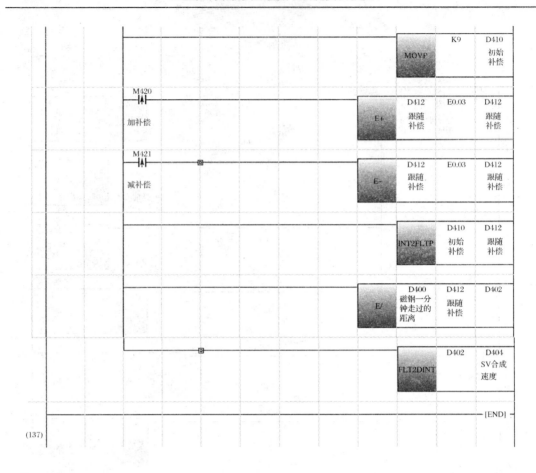

(137)

（4）跟随控制

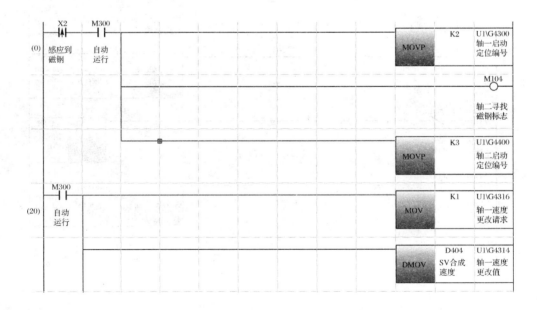

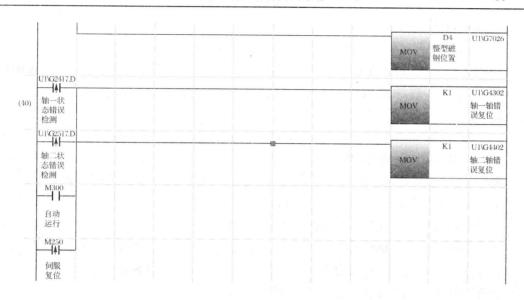

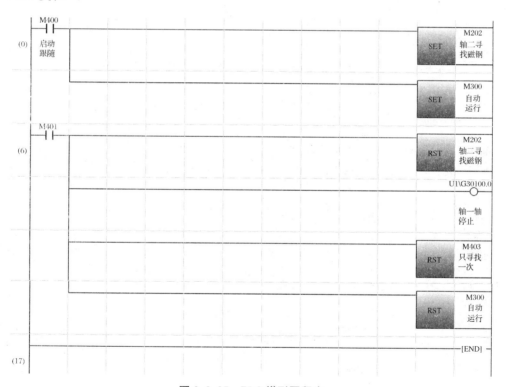

图 2.2.25　PLC 梯形图程序

九、调试中的问题以及解决方法

（1）在原点回归中传感器撞到限位后卡死 40SSC 报警

40SSC 原点回归中含有原点回归重试功能，在原点回归过程中，通过设置 40SSC 定位模块中上下限限位开关的通断来进行重试原点回归的功能，在 JOG 运行等场合，允许不返回近点 DOG，直接进行原点回归。

（2）在原点回归过程中，传感器没有回归到圆盘的中心

40SSC 中的近点 DOG 回归方式只能将传感器回归到机械原点，通过 40SSC 定位模块中设定原点位移参数，从机械原点位置移动到指定位置，进行参数修正，并将该位置作为原点地址。

（3）按下伺服开启时，手动控制中两轴动作不了

40SSC 和伺服参数设置时需保证两边参数的一致性，在参数设置中要设置原点回归速度和爬行速度，设定时速度不宜设定得过大。两轴的脉冲输出模式必须一致都为 CW/CCW，并且需要将列表显示中的初始值更改。

（4）定位数据设置完成后，不能按照设置的动作运行

设置的两个轴是相互影响的，所以两轴不能在同一定位数据中设置参数，而且根据运动的前后顺序，定位数据的设置也需要有先后之分，当定位数据设置完成之后，需要检查定位数据的排序是否有误，插补轴设置是否有误的情况。

项目三　基于 FX$_{5U}$-PLC 伺服跟踪发电微网实训装置控制系统设计

一、系统结构(见图 2.3.1 及图 2.3.2)

图 2.3.1　微型分布式发电装置实物图

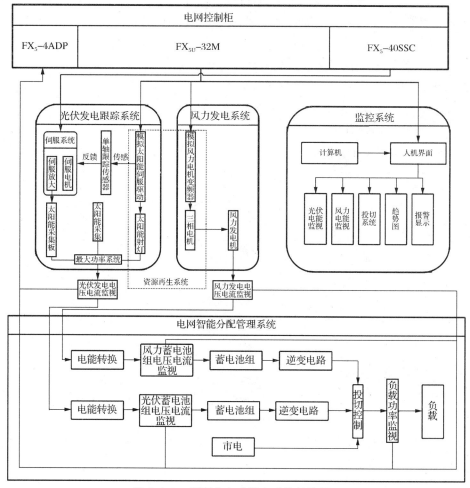

图 2.3.2　微型分布式发电系统结构图

二、工作原理

1. 运行步骤

(1) 风力发电系统

① 设置三相异步电机的最高运行频率、最低运行频率及变速的周期。

② 按下"启动"按键,系统启动,PLC 计算出风速变化频率,然后再除以一半变速周期得到频率变化率,PLC 将以该频率变化率增速,到达一半周期后再以该频率减速。如此一直循环。

③ 按下"停止"按键后,牵引风力发电机的三相异步电机停止运行。风力发电系统停止发电。

(2) 光伏发电系统

光伏发电系统是由射灯运行及光伏板运行两部分组成。

① 按下"伺服开启"按键。

② 射灯单元启动,当按下射灯手动左右移动按键时,射灯作相应的动作;当在自动运行状态时,先要设置射灯左右平移周期,然后再按下射灯的"启动"按键,PLC 将射灯移动路程除以周期得到移动速度,再将速度数据反馈到伺服系统中来实现射灯的定速运动。

③ 光伏板单元启动:当按下"JOG＋、JOG－"时,光伏板作相应的动作(左右摆动);当按下"伺服跟踪"按键,光伏板即会跟踪射灯的运动。

(3) 投切系统

首先要设置风电及光电系统的投切条件,然后按下"启动"按键。如果不要求对负载进行供电时,按下"停止"按钮即可。

2. 系统操作流程(见图 2.3.3~图 2.3.7)

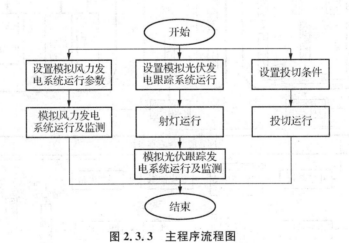

图 2.3.3　主程序流程图

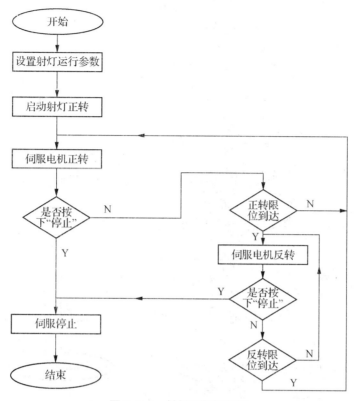

图 2.3.4　射灯运行流程图

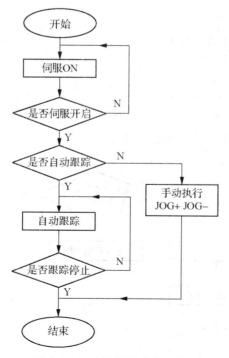

图 2.3.5　光伏板跟踪流程图

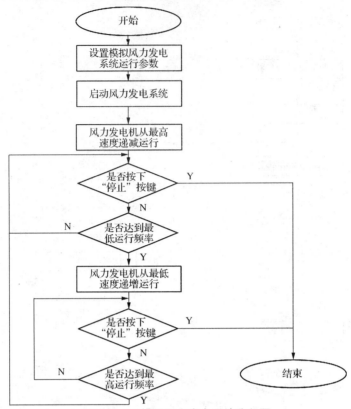

图 2.3.6 模拟风力发电系统流程图

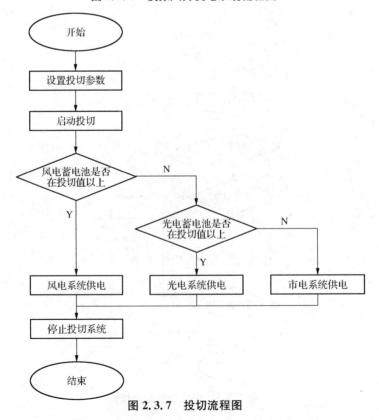

图 2.3.7 投切流程图

三、主要器件清单(见表 2.3.1)

表 2.3.1　系统元器件清单

编号	器件	型号	数量	备注
1	空气开关	BV-D　4P　25A	1	三菱电机
2		BH-D6	1	
3	开关电源	DR-120-24	1	明纬
4	变频器	FR-E720S-0.75K-CHT	1	三菱电机
5	FX-PLC CPU	FX_{5U}-32M	1	三菱电机
6	定位模块	FX_5-40SSC-S	1	三菱电机
7	人机界面	GS2107-WTBD	1	三菱电机
8	模数转换模块	FX5-4AD-ADP	1	三菱电机
9	伺服电机	HG-KN13J	1	三菱电机
10	伺服放大器	MR-JE-10B	1	三菱电机
11	交流接触器	S-N10	1	三菱电机
12	伺服跟踪发电微网实训装置	LD-IMN03	1	南京菱电

四、系统电路设计

1. 电气布置图(见图 2.3.8)

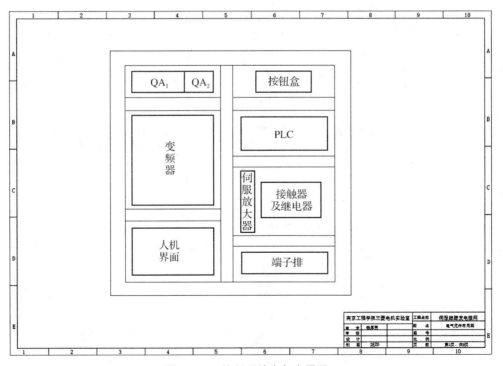

图 2.3.8　控制系统电气布置图

2. 电源电路(见图 2.3.9)

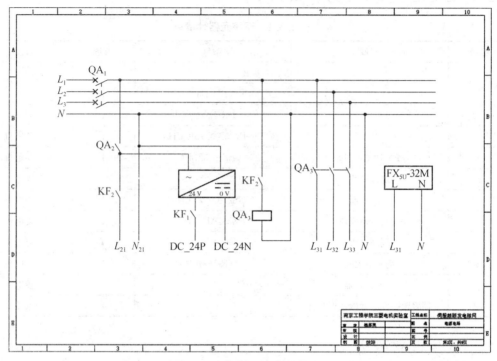

图 2.3.9　控制系统电源电路

3. 主控及投切电路(见图 2.3.10)

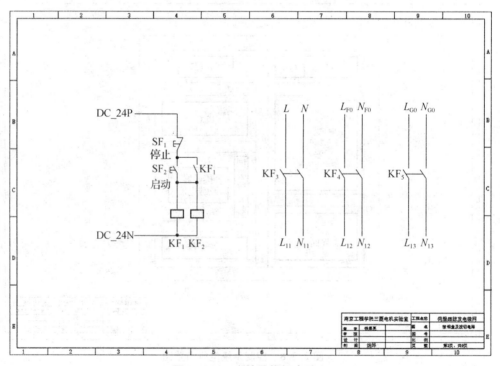

图 2.3.10　主控及投切电路

4. PLC 输入/输出电路(见图 2.3.11)

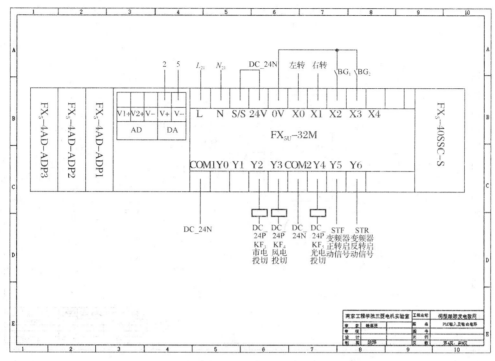

图 2.3.11　PLC 输入/输出电路

5. 传感器信号 A/D 转换电路(见图 2.3.12)

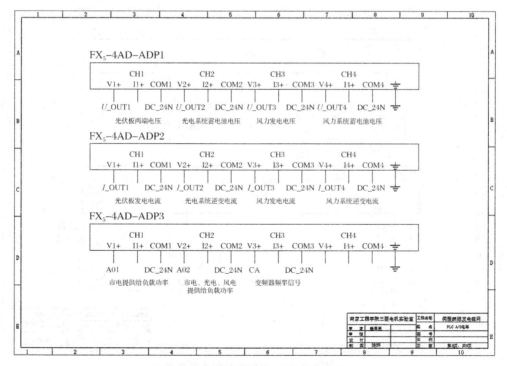

图 2.3.12　传感器信号 A/D 转换电路

6. 变频器电路(见图 2.3.13)

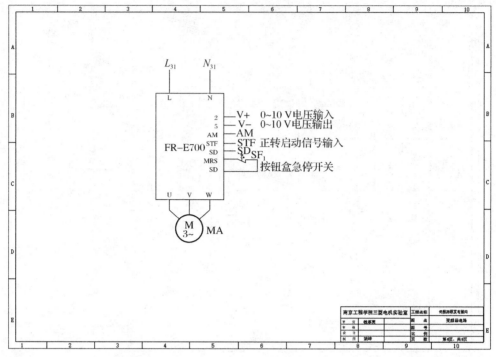

图 2.3.13　变频器电路

7. 光伏伺服驱动器电路(见图 2.3.14)

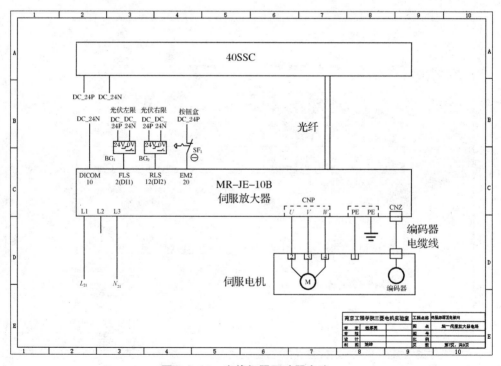

图 2.3.14　光伏伺服驱动器电路

8. 射灯伺服驱动器电路（见图 2.3.15）

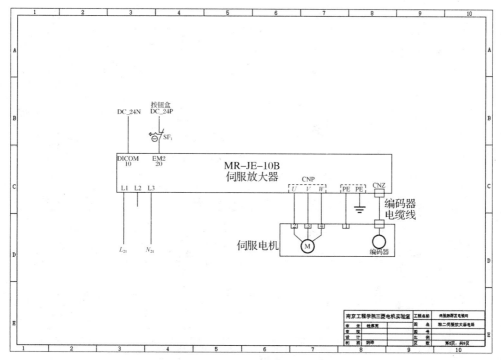

图 2.3.15 射灯伺服驱动器电路

9. 端子排（见图 2.3.16）

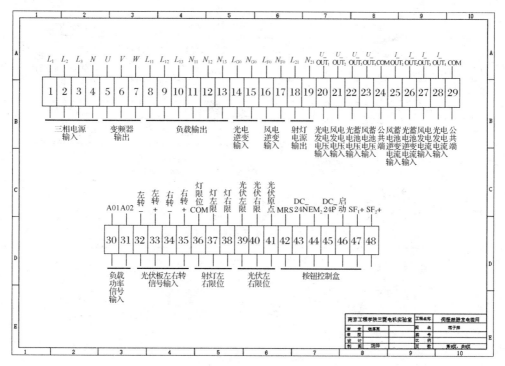

图 2.3.16 接口端子排

五、I/O 地址分配(见表 2.3.2)

表 2.3.2　控制系统输入/输出地址表

编号	型号	地址	功能	电路图端口
1	FX$_{5U}$-32M	X0	光伏板左转信号	左转
2		X1	光伏板右转信号	右转
3		X2	射灯右限信号	灯右限
4		X3	射灯左限信号	灯左限
5		X4	光伏板 DOG 信号	光伏原点
6	FX$_{5U}$-32M	Y2	市电投切	KA3
7		Y3	风电投切	KA4
8		Y4	光电投切	KA5
9		Y5	变频器正转启动信号	STF
10		Y6	变频器反转启动信号	STR
11		Y7	伺服开启信号	SON
12	FX$_5$-4AD-ADP	1CH1	光伏发电电压	U_OUT1/DC_24N
13		1CH2	光伏系统蓄电池电压	U_OUT2/DC_24N
14		1CH3	风力发电电压	U_OUT3/DC_24N
15		1CH4	风电系统蓄电池电压	U_OUT4/DC_24N
16		2CH1	光伏发电电流	I_OUT1/DC_24N
17		2CH2	光电逆变电流	I_OUT2/DC_24N
18		2CH3	风力发电电流	I_OUT3/DC_24N
19		2CH4	风电逆变电流	I_OUT4/DC_24N
20		3CH1	市电供给负载功率	A01/DC_24N
21		3CH2	负载总功率	A02/DC_24N
22		3CH3	变频器频率信号	CA/DC_24N
23	FX$_{5U}$-32M	1CH1	给变频器 0~20 mA 电流	I+/DC_24V

六、人机界面设计

1. 人机界面配置软元件(见表 2.3.3)

表 2.3.3　人机界面配置软元件

序号	地址	功能说明
1	D90	三相电机最高频率
2	D91	三相电机最低频率
3	D93	三相电机运行周期
4	D63	三相电机当前频率

（续表 2.3.3）

序号	地址	功能说明
5	D27	风力发电电压监测
6	D35	风力发电电流监测
7	D28	风力逆变电压监测
8	D36	风力逆变电流监测
9	D70	射灯移动周期
10	D200	射灯移动速度监测
11	D25	光伏发电电压监测
12	D37	光伏发电电流监测
13	D26	光伏逆变电压监测
14	D38	光伏逆变电流监测
15	D100	风电投切条件设置
16	D101	光电投切条件设置
17	D48	风电蓄电池电量监测
18	D47	光电蓄电池电量监测
19	D42	负载瞬时功率监测
20	D41	市电瞬时功率监测
21	D131	负载消耗总功率监测
22	D130	市电消耗功率监测
23	D132	市电与风电的耗能比
24	M60	变频器启动按钮
25	M62	变频器停止按钮
26	M80	射灯手动左移按钮
27	M81	射灯手动右移按钮
28	M82	射灯自动启动按钮
29	M86	射灯自动停止按钮
30	M75	伺服开启按钮
31	M72	伺服自动跟踪按钮
32	M71	光伏板手动反转按钮
33	M70	光伏板手动正转按钮
34	M131	投切启动按钮
35	M132	投切停止按钮
36	Y12	市电供电指示灯
37	Y13	风电供电指示灯
38	Y14	光电供电指示灯

2. 设计画面(见图 2.3.17～图 2.3.22)

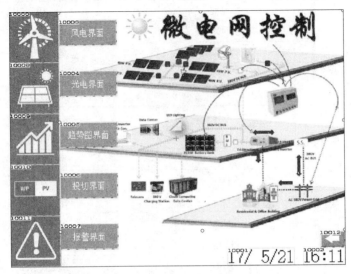

图 2.3.17　微型分布式发电系统主界面

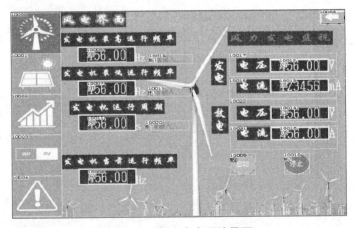

图 2.3.18　风力发电系统界面

图 2.3.19　光伏发电系统界面

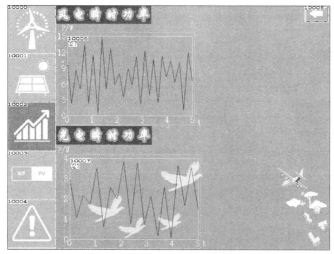

图 2.3.20 功率监控界面

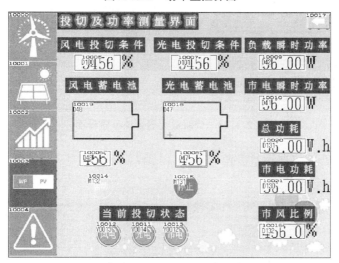

图 2.3.21 投切及功率监控界面

图 2.3.22 报警监控界面

七、伺服参数设置

1. 伺服参数设置

(1) 伺服放大器系统配置(见图 2.3.23)

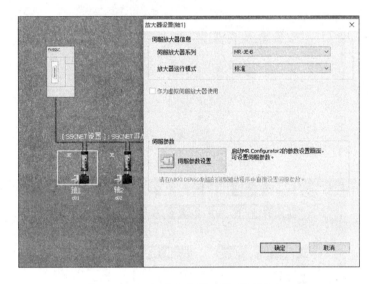

图 2.3.23　伺服放大器系统配置界面

(2) 自动调谐及伺服环增益设置(见图 2.3.24)

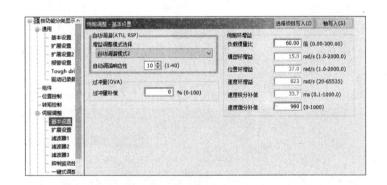

图 2.3.24　伺服调整-自动调谐及伺服环增益设置界面

2. 40SSC 定位模块参数设置

(1) 40SSC 参数设置(见图 2.3.25)

项目	轴1	轴2
☐ 通用参数	与不依赖轴的全体系统相关的参数。	
Pr.82:强制停止有效/无效设置	1:无效	
Pr.24:手动脉冲发生器/INC同步编码器输入选择	0:A相/B相模式(4倍频)	
Pr.89:手动脉冲发生器/INC同步编码器输入类型选择	1:电压输出/开集类型	
Pr.96:运算周期设置	0001h:1.777ms	
Pr.97:SSCNET设置	1:SSCNETⅢ/H	
⊞ Pr.150:输入端子逻辑选择	设置简单运动控制模块的外部输入信号(外部指令/切换)的逻辑。	
Pr.151:手动脉冲发生器/INC同步编码器输入逻辑选择	0:负逻辑	
☐ 基本参数1	按照机械设备和相应电机在系统启动时进行设置(可编程控制器就绪信号时...	
Pr.1:单位设置	3:pulse	3:pulse
Pr.2:每转脉冲数	1000 pulse	1000 pulse
Pr.3:每转移动量	100 pulse	200 pulse
Pr.4:单位倍率	1:×1倍	1:×1倍
Pr.7:启动时偏置速度	0 pulse/s	0 pulse/s
☐ 基本参数2	按照机械设备和相应电机在系统启动时进行设置。	
Pr.8:速度限制值	20000000 pulse/s	200000 pulse/s
Pr.9:加速时间0	1 ms	1 ms
Pr.10:减速时间0	1 ms	1 ms
☐ 详细参数1	按照系统配置在系统启动时进行设置(可编程控制器就绪信号时有效)。	
Pr.11:齿隙补偿量	0 pulse	0 pulse
Pr.12:软件行程限位上限值	2147483647 pulse	2147483647 pulse
Pr.13:软件行程限位下限值	-2147483648 pulse	-2147483648 pulse
Pr.14:软件行程限位选择	0:对进给当前值设置软件行程限位	0:对进给当前值设置软件行程限位
Pr.15:软件行程限位有效/无效设置	1:无效	1:无效
Pr.16:指令到位范围	100 pulse	100 pulse
Pr.17:转矩限制设定值	300.0 %	300.0 %
Pr.18:M代码ON信号输出时序	0:WITH模式	0:WITH模式
Pr.19:速度切换模式	0:标准速度切换模式	0:标准速度切换模式
Pr.20:插补速度指定方法	0:合成速度	0:合成速度
Pr.21:速度控制时的进给当前值	0:不进行进给当前值的更新	0:不进行进给当前值的更新
Pr.22:输入信号逻辑选择:下限限位	1:正逻辑	1:正逻辑
Pr.22:输入信号逻辑选择:上限限位	1:正逻辑	1:正逻辑
Pr.22:输入信号逻辑选择:停止信号	0:负逻辑	0:负逻辑
Pr.22:输入信号逻辑选择:近点DOG信号	0:负逻辑	0:负逻辑
Pr.81:速度·位置功能选择	0:速度·位置切换控制(INC模式)	0:速度·位置切换控制(INC模式)
Pr.116:FLS信号选择:输入类型	1:伺服放大器	1:伺服放大器
Pr.117:RLS信号选择:输入类型	1:伺服放大器	1:伺服放大器
Pr.118:DOG信号选择:输入类型	1:伺服放大器	1:伺服放大器
Pr.119:STOP信号选择:输入类型	2:缓冲存储器	2:缓冲存储器
☐ 详细参数2	按照系统配置在系统启动时进行设置(应需设置)。	
Pr.25:加速时间1	1000 ms	1000 ms
Pr.26:加速时间2	1000 ms	1000 ms
Pr.27:加速时间3	1000 ms	1000 ms
Pr.28:减速时间1	1000 ms	1000 ms
Pr.29:减速时间2	1000 ms	1000 ms
Pr.30:减速时间3	1000 ms	1000 ms
Pr.31:JOG速度限制值	200000 pulse/s	200000 pulse/s
Pr.32:JOG运行加速时间选择	0:1	0:1
Pr.33:JOG运行减速时间选择	0:1	0:1
Pr.34:加减速处理选择	1:S曲线加减速处理	1:S曲线加减速处理
Pr.35:S曲线比率	100 %	100 %
Pr.36:急停止减速时间	1000 ms	1000 ms
Pr.37:停止组1急停止选择	1:急停止	1:急停止
Pr.38:停止组2急停止选择	1:急停止	1:急停止
Pr.39:停止组3急停止选择	1:急停止	1:急停止
Pr.40:定位完成信号输出时间	300 ms	300 ms
Pr.41:圆弧插补误差允许范围	100 pulse	100 pulse
Pr.42:外部指令功能选择	0:外部定位启动	0:外部定位启动
Pr.83:degree轴速度10倍指定	0:无效	0:无效
Pr.84:伺服OFF→ON时的重新启动允许值范围设置	0 pulse	0 pulse
Pr.90:速度·转矩控制模式动作设置:转矩初始值选择	0:指令转矩	0:指令转矩

原点回归详细参数	设置进行原点回归控制所需要的值(可编程控制器就绪信号时有效)。	
Pr.50:近点DOG ON后的移动量设置	0 pulse	0 pulse
Pr.51:原点回归加速时间选择	0:1	0:1
Pr.52:原点回归减速时间选择	0:1	0:1
Pr.53:原点移位量	0 pulse	0 pulse
Pr.54:原点回归转矩限制值	300.0 %	300.0 %
Pr.55:原点回归未完成时动作设置	1:执行定位控制	0:不执行定位控制
Pr.56:原点移位时的速度指定	0:原点回归速度	0:原点回归速度
Pr.57:原点回归重试时的停留时间	0 ms	0 ms
Pr.86:脉冲转换模块原点回归请求设置	0:伺服OFF时原点回归请求为ON	0:伺服OFF时原点回归请求为ON
Pr.87:脉冲转换模块清零信号输出后待机时间	0 ms	0 ms
扩展参数	按照系统配置在系统启动时设置(电源开启后或可编程控制器 CPU 复位后有...	
Pr.91:任意数据监视:数据类型设置1	0:未设置	0:未设置

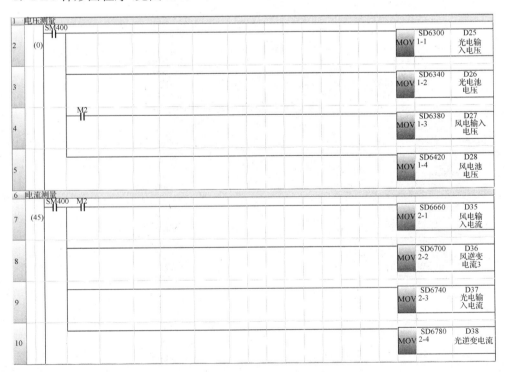

图 2.3.25　40SSC 定位模块参数设置界面

(2) 40SSC 轴 1 定位数据设置(见图 2.3.26)

显示筛选(R)　全部显示　数据设置助手(G)　离线模拟(L)　自动计算指令速度(U)　自动计算辅助圆弧(A)

No.	运行模式	控制方式	插补对象轴	加速时间号	减速时间号	定位地址	圆弧地址	指令速度	停留时间	M代码
1	0:结束 <定位注释>	02h:INC 直线1	-	0:1	0:1	200 pulse	0 pulse	700000 pulse/s	0 ms	0
2	0:结束 <定位注释>	02h:INC 直线1	-	0:1	0:1	-200 pulse	0 pulse	700000 pulse/s	0 ms	0

图 2.3.26　40SSC 轴 1 定位数据设置界面

七、参考程序

1. PLC 梯形图程序(见图 2.3.27)

11 功率电量							
12 (80)	SM400 ┤├	Y2 切市电				MOV	SD7020 3-1 ／ D45 市电功率
13						MOV	SD7060 3-2 ／ D46 功率负载

14 变频器AD		
15 (105)	SM400 ┤├	MOV SD7100 3-3 ／ D55 变频器频率

16 轴1JOG+回原点		
17 (122)	SM400 ┤├	U1\G5950.0 PLC就绪
18 (141)	M75 ┤├ 伺服开启	U1\G5951.0 伺服ON
19 (146)	SM400 ┤├ M70 ┤├ JOG正转	MOV K0 ／ U1\G4317 微动移动量
20	M71 ┤├ JOG反转	MOV K5000 ／ U1\G4318 JOG速度
21		RST U1\G4316 速度更改请求
22		RST U1\G4314 速度更改值
23	M70 ┤/├ M71 ┤/├ JOG正转 JOG反转	MOV K1 ／ U1\G4316 速度更改请求
24		MOV D80 光伏板速度 ／ U1\G4314 速度更改值
25 (189)	M70 ┤├ M71 ┤/├ X4 ┤/├ M73 ┤/├ U1\G3150L.0 ┤/├ JOG正转 JOG反转 光伏板中心 伺服跟随启动 BUSY	U1\G30101.0 轴1正转
26 (203)	M71 ┤├ M70 ┤/├ X4 ┤/├ M73 ┤/├ U1\G3150L.0 ┤/├ JOG反转 JOG正转 光伏板中心 伺服跟随启动 BUSY	U1\G30102.0 轴1反转

27 伺服电机数值计算					
28 (201)	M72 ┤├ M74 ┤/├ 伺服跟随启动 伺服跟随停止	< K0 D70 周期		DMOV	D70 周期 ／ D72 周期
29	M82 ┤├ M86 ┤/├ 射灯左移 射灯停止			/	K106 D72 周期 ／ D200 射灯移动速度
30				D/	K600000 D72 周期 ／ D74 射灯移动速度低16位
31				D/	D74 射灯移动速度低16位 K5 ／ D78 光伏板大致速度

32 速度补偿值计算

33 (274)	M72 伺服跟随启动	M74 伺服跟随停止	<	K0 D70 周期	D=	K6 D72 周期		D+ D78 光伏板大致速度	K5000	D80 光伏板速度
34	M82 射灯左移	M86 射灯停止			D=	K7 D72 周期		D+ D78 光伏板大致速度	K5000	D80 光伏板速度
35					D=	K8 D72 周期		D+ D78 光伏板大致速度	K2200	D80 光伏板速度
36					D=	K9 D72 周期		D+ D78 光伏板大致速度	K700	D80 光伏板速度
37					D=	K10 D72 周期		D+ D78 光伏板大致速度	K750	D80 光伏板速度
38					D=	K11 D72 周期		D- D78 光伏板大致速度	K950	D80 光伏板速度
39					D=	K12 D72 周期		D- D78 光伏板大致速度	K600	D80 光伏板速度
40					D=	K13 D72 周期		D- D78 光伏板大致速度	K700	D80 光伏板速度
41					D=	K14 D72 周期		D- D78 光伏板大致速度	K300	D80 光伏板速度
42					D=	K15 D72 周期		D- D78 光伏板大致速度	K700	D80 光伏板速度
43					D=	K16 D72 周期		D- D78 光伏板大致速度	K600	D80 光伏板速度
44					D=	K17 D72 周期		D- D78 光伏板大致速度	K900	D80 光伏板速度
45					D=	K18 D72 周期		D- D78 光伏板大致速度	K750	D80 光伏板速度
46					D=	K19 D72 周期		D- D78 光伏板大致速度	K950	D80 光伏板速度
47					D=	K20 D72 周期		D- D78 光伏板大致速度	K700	D80 光伏板速度
48					D=	K21 D72 周期		D- D78 光伏板大致速度	K700	D80 光伏板速度
49					D=	K22 D72 周期		D- D78 光伏板大致速度	K800	D80 光伏板速度

50	D=	K23 D72 周期		D-	D78 光伏板 大致速度	K840	D80 光伏板速度
51	D=	K24 D72 周期		D-	D78 光伏板 大致速度	K800	D80 光伏板速度
52	D=	K25 D72 周期		D-	D78 光伏板 大致速度	K710	D80 光伏板速度
53	D=	K26 D72 周期		D-	D78 光伏板 大致速度	K750	D80 光伏板速度
54	D=	K27 D72 周期		D-	D78 光伏板 大致速度	K790	D80 光伏板速度
55	D=	K28 D72 周期		D-	D78 光伏板 大致速度	K700	D80 光伏板速度
56	D=	K29 D72 周期		D-	D78 光伏板 大致速度	K780	D80 光伏板速度
57	D=	K30 D72 周期		D-	D78 光伏板 大致速度	K500	D80 光伏板速度
58	D=	K60 D72 周期		D-	D78 光伏板 大致速度	K370	D80 光伏板速度

| 59 (165) | M76 速度补偿按钮 | | | | D+ | D78 光伏板大致速度 | D84 补偿速度 | D80 光伏板速度 |

| 60 (622) | M73 伺服跟随启动 | M74 伺服跟随停止 | SM409 10ms脉冲 | X1 伺服右转信号 | X0 伺服左转信号 | U1\G31501.0 BUSY | | DMOV | K1 | U1\G4300 定位启动信号 |

| 61 | | | | | | | | SET | | U1\G30104.0 定位启动 |

| 62 | | | | X0 伺服左转信号 | X1 伺服右转信号 | U1\G31501.0 BUSY | | DMOV | K2 | U1\G4300 定位启动信号 |

| 63 | | | | | | | | SET | | U1\G30104.0 定位启动 |

64 (640)	U1\G3 定位启动	U1\G2417.E 启动完成信号	U1\G31501.0 BUSY					RST		U1\G30104.0 定位启动
65	M74 伺服跟随停止									
66	X0 伺服左转信号									
67	X1 伺服右转信号									

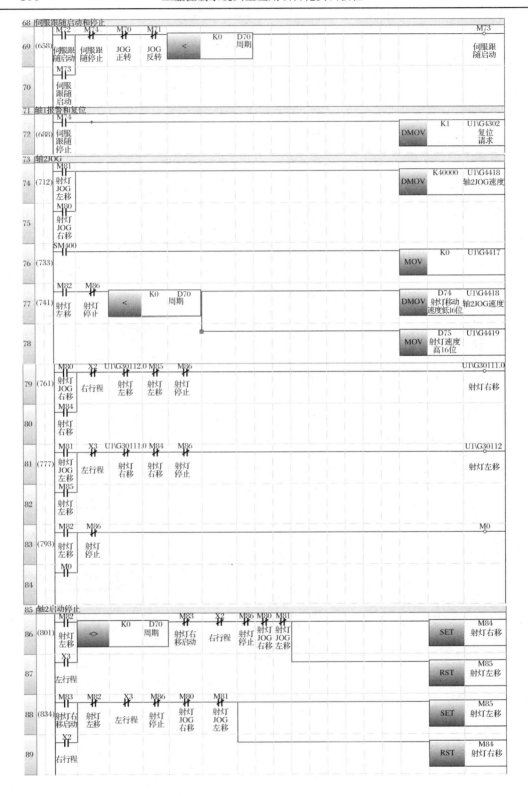

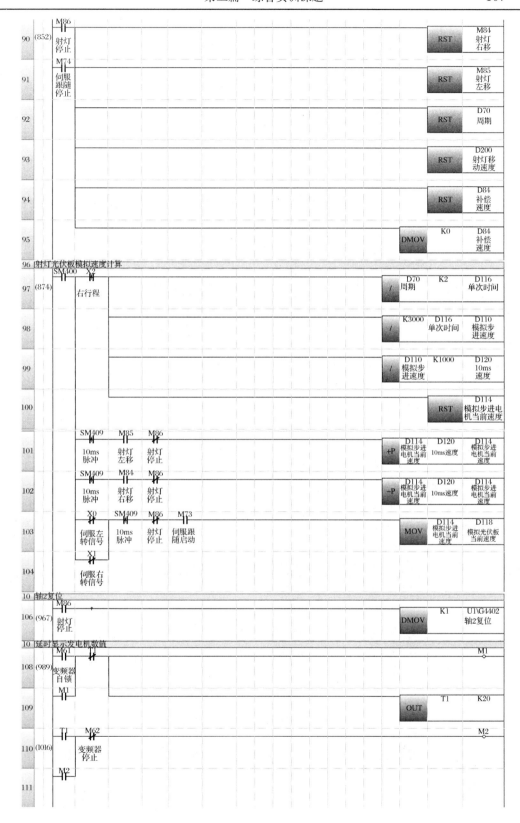

90	(852)	M86 射灯 停止				RST	M84 射灯 右移
91		M74 伺服 跟随 停止				RST	M85 射灯 左移
92						RST	D70 周期
93						RST	D200 射灯移 动速度
94						RST	D84 补偿 速度
95						DMOV	K0　D84 补偿 速度

96　射灯光伏板模拟速度计算

97	(874)	SM400	X2 右行程			/	D70　K2　D116 周期　　单次时间
98						/	K3000　D116　D110 　单次时间　模拟步 进速度
99						/	D110　K1000　D120 模拟步 进速度　　10ms 速度
100						RST	D114 模拟步进电 机当前速度
101		SM409 10ms 脉冲	M85 射灯 左移	M86 射灯 停止		+P	D114　D120　D114 模拟步进　10ms速度　模拟步进 电机当前　　　　　电机当前 速度　　　　　　速度
102		SM409 10ms 脉冲	M84 射灯 右移	M86 射灯 停止		-P	D114　D120　D114 模拟步进　10ms速度　模拟步进 电机当前　　　　　电机当前 速度　　　　　　速度
103		X0 伺服左 转信号 X1 伺服右 转信号	SM409 10ms 脉冲	M86 射灯 停止	M73 伺服跟 随启动	MOV	D114　D118 模拟步进　模拟光伏板 电机当前　当前速度 速度
104							

10　轴2复位

| 106 | (967) | M86
射灯
停止 | | | | DMOV | K1　U1\G4402
　轴2复位 |

10　延时显示发电机数值

108	(989)	M61 变频器 自锁					M1
109		M1				OUT	T1　K20
110	(1016)	T1	M62 变频器 停止				M2
111		M2					

11 | DA

113(1024)	SM400	M61 变频器自锁	M62 变频器停止			MOV	D63	SD6180 当前频率

114 — Y10

115(1044)	M60 变频器启动	M62 变频器停止	<	K0	D93 时间周期			M61 变频器自锁

116	M61 变频器自锁							

11 | 变频器数值计算

118(1056)	M60 变频器启动	<	K0	D93 时间周期		MOV	D90 最高频率	D63

119						—	D90 最高频率	D91 最低频率	D92 频率差值

120						/	D93 时间周期	K2	D98 单次所需时间

121						/	D92 频率差值	D98 单次所需时间	D94 1s的变化

122						/	D94 1s的变化	K5	D96 0.2s的变化值

123(1106)	M61 变频器自锁	T0 1.5s延时						M93 变频器启动

124	M93 变频器启动					OUT	T0 1.5s延时	K15

125(1119)	T0 1.5s延时	M62 变频器停止						M94 等待启动完成

126	M94 等待启动完成							

12 | 变频器周期变换

128(1127)	SM400	M94 等待启动完成	M91 加速运行	M92 减速运行	SM411 200ms脉冲	+P	D63	D96 0.2s的变化值	D63

129			M92 减速运行	M91 加速运行	SM411 200ms脉冲	−P	D63	D96 0.2s的变化值	D63

130		<=	D63	D91 最低频率			SET	M91 加速运行

131							RST	M92 减速运行

132		>=	D63	D90 最高频率			SET	M92 减速运行

133							RST	M91 加速运行

13 | 变频器发电数值清零

行号				
135 (1187)	M62 变频器停止		RST	D63
136	SM402 ON1个扫描周期		RST	D90 最高频率
137			RST	D91 最低频率
138			RST	D93 时间周期
139			RST	D94 1s的变化
140			RST	D27 风电输入电压
141			MOV	K997　D35 风电输入电流

14 | 智能投切风光

行号				
143 (1227)	M132 投切启动	M131 投切停止		M130 投切自锁
144	M130 投切自锁			
145 (1246)	M132 投切启动		RST	D102
146			RST	D103
147 (1254)	SM402 ON1个扫描周期		MOV	K1604　D100 风电人机设定投切值
148			MOV	K1604　D101 光电人机投切值

149 (1264)	SM400	M130 投切自锁	M131 投切停止	> D48 风电电池电量 D100 风电人机设定投切值	M101 切光蓄电池 M102 切市电	M100 切风电池
150				> D47 光电池电量 D101 光电人机投切值	M100 切风电池 M102 切市电	M101 切光蓄电池
151				<= D48 风电电池电量 D102　<= D47 光电池电量 D103	M100 切风电池 M101 切光蓄电池	M102 切市电
152				<= D48 风电电池电量 D100 风电人机设定投切值　<= D47 光电池电量 D103	M132 投切启动	+ D100 风电人机设定投切值 K20 D102
153						+ D101 光电人机投切值 K20 D103

15	风电投切			
155	(1328)	M100 切风电池	SET	Y3 切风能
156			RST	Y2 切市电
157			RST	Y4 切光能

15	光电投切			
159	(1345)	M101 切光蓄电池	SET	Y4 切光能
160			RST	Y2 切市电
151			RST	Y3 切风能

16	市电投切			
163	(1362)	M102 切市电	SET	Y2 切市电
164			RST	Y3 切风能
165			RST	Y4 切光能

16	投切清除			
167	(1379)	M131 投切停止	RST	Y2 切市电
168			RST	Y3 切风能
169			RST	Y4 切光能
170			RST	D100 风电人机设定投切值
171			RST	D101 光电人机投切值
172			RST	D132 市电消耗功率
173			RST	D134 负载消耗功率

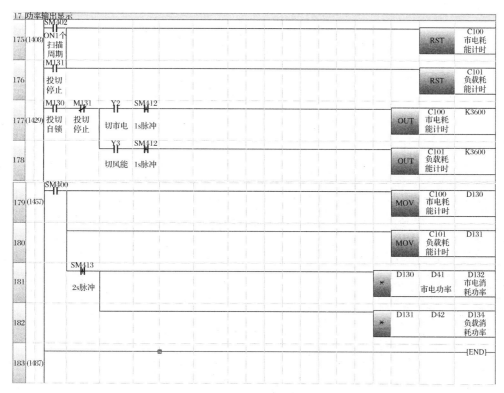

图 2.3.27　PLC 梯形图程序

九、调试中的问题以及解决方法

1. 采集的关键点数据变化幅度大、频率快

经检查发现,由于 A/D 的采样模式为直接采样模式,这就导致数据的变化跳动的幅度过大、频率过快,所以改为平均时间处理这样就大大改善了上述问题。

2. 光伏板在自动跟踪状态下抖动较大

伺服放大器的惯量比设置到合适的值,就可以避免抖动。

项目四　基于 FX$_{5U}$-PLC 视觉检测与分拣实训装置控制系统设计

一、系统结构(见图 2.4.1 及图 2.4.2)

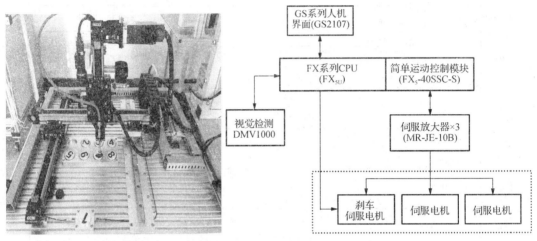

图 2.4.1　视觉检测及快速搬运实物图　　图 2.4.2　视觉检测及快速搬运系统结构图

二、工作原理

1. 运行步骤

(1)手动 JOG 控制:是指 FX$_5$-40SSC-S 定位模块由外部定位启动输入信号后,可输出任意的脉冲来进行三轴的位置控制。通过手动控制方式,可以将标有不同数字编号的工件放入对应的工件槽中,也可以通过这种方式在运行定位控制时进行微调。

① 系统上电,X 轴、Y 轴和 Z 轴伺服放大器立刻上电,SVON 信号开启,在人机界面上按下"抱闸"按钮,Z 轴伺服掉电抱闸释放。

② 在人机界面上按"X+""X−""Y+""Y−""Z+""Z−"手动按键,通过按键便可以定位到任意想要的位置。

a. "X+"功能:按下人机界面"X+"按键,工件搬运夹具向 X 正方向移动。

b. "X−"功能:按下人机界面"X−"按键,工件搬运夹具向 X 负方向移动。

c. "Y+"功能:按下人机界面"Y+"按键,工件搬运夹具向 Y 正方向移动。

d. "Y−"功能:按下人机界面"Y−"按键,工件搬运夹具向 Y 负方向移动。

e. "Z+"功能:按下人机界面"Z+"按键,工件搬运夹具向 Z 正方向移动。

f. "Z−"功能:按下人机界面"Z−"按键,工件搬运夹具向 Z 负方向移动。

(2)原点回归功能:原点归回功能是指确定定位控制时的起点,并由该起点向目标位置移动进行定位的功能。在该搬运系统的 X 轴、Y 轴和 Z 轴的中间位置装配一个接近开关,并将各轴的接近开关作为原点回归功能中的 DOG 近点狗信号,从而实现搬运控制系统三轴的机械原点回归。

① 系统上电，X 轴、Y 轴和 Z 轴全轴伺服 ON，按下人机界面上的抱闸按键，将 Z 轴伺服电机的掉电抱闸释放。

② 在人机界面上按下"原点回归"按键，原点传感器检测当前位置是否是原点。

③ 若当前位置是原点，三个轴的原点回归便完成。若当前位置并不是原点，则 X 轴、Y 轴和 Z 轴分别开始向各轴的正方向运动，开始自动执行原点回归。

④ 如果各个轴在正方向进行原点回归时，机械触碰机构在撞到正方向极限开关前检测到了原点信号，那么系统原点回归完成。如果机械触碰机构在正方向行进中并未检测到原点信号，系统便会通过原点回归重试功能，X 轴、Y 轴和 Z 轴开始从正极限开关的位置向负方向移动，直到各轴检测到原点信号（近点狗 DOG 信号）后，完成原点功能。

（3）定位控制：是指使用 FX_5-40SSC-S 的轴 1、轴 2 和轴 3 的"定位数据"进行定位的控制功能。进行定位控制时，需要在对应轴数据中设定定位数据，然后通过程序的调用来启动伺服完成定位。

2. 系统操作流程（见图 2.4.3～图 2.4.5）

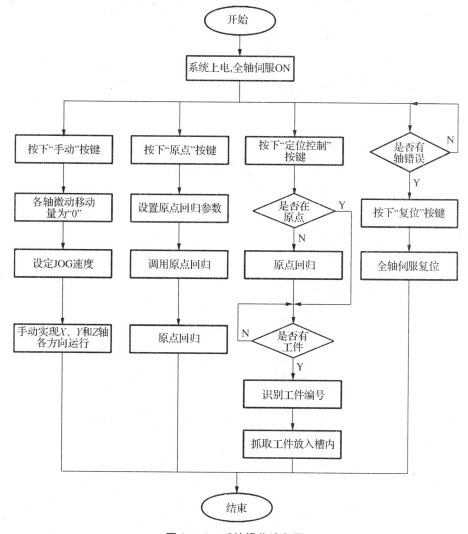

图 2.4.3　系统操作流程图

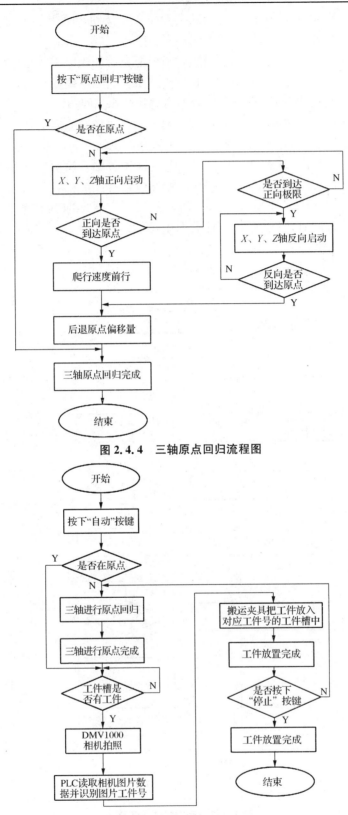

图 2.4.4　三轴原点回归流程图

图 2.4.5　系统自动工作流程图

三、主要元器件元件清单(见表 2.4.1)

表 2.4.1　元器件清单表

序号	名称	规格说明	制造商/品牌	数量	单位
1	低压断路器	BV-D　3P1N,30 mA	三菱电机	1	套
2	人机界面	GS2107	三菱电机	1	
3	伺服驱动器	MR-JE-10B	三菱电机	3	套
4	伺服电机	HG-KN13J-S100	三菱电机	2	套
5	伺服电机	HG-KN13BJ-S100	三菱电机	1	套
6	PLC 系统	1) PLC 本体:FX_{5U}-32MT 2) 运动控制模块:FX_5-40SSC-S	三菱电机	1	套
7	开关电源	24 V 直流输出,120 W	明纬	1	套
8	视觉检测与 分拣实训装置	LD-CMM16S	南京菱电	1	套

四、电气控制系统电路

1. 电气布局图(见图 2.4.6)

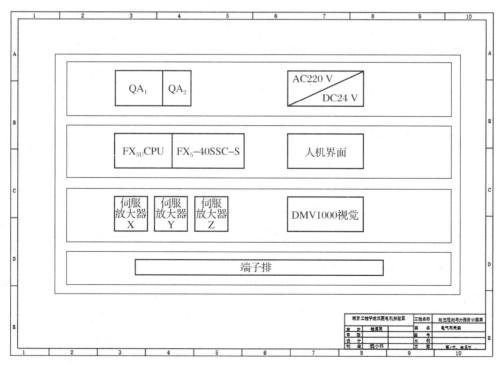

图 2.4.6　电气布局图

2. 电源电路(见图 2.4.7)

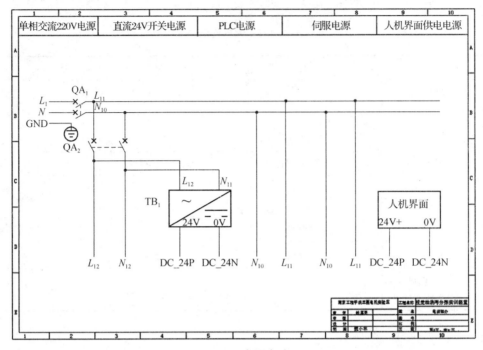

图 2.4.7 电源电路

3. PLC 输入/输出电路(见图 2.4.8)

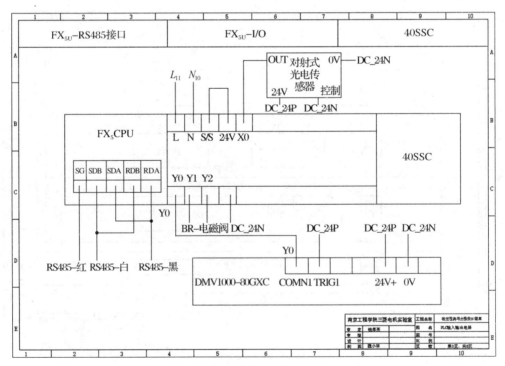

图 2.4.8 PLC 输入/输出电路

4. 伺服放大器(X 轴)(见图 2.4.9)

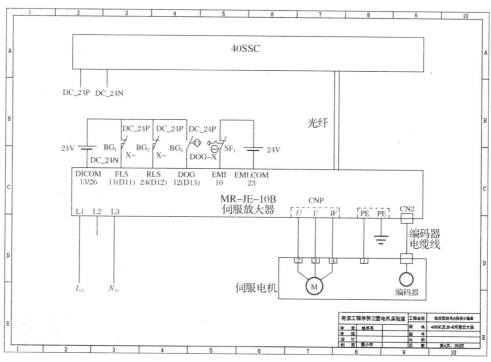

图 2.4.9 伺服放大器(X 轴)

5. 伺服放大器(Y 轴)(见图 2.4.10)

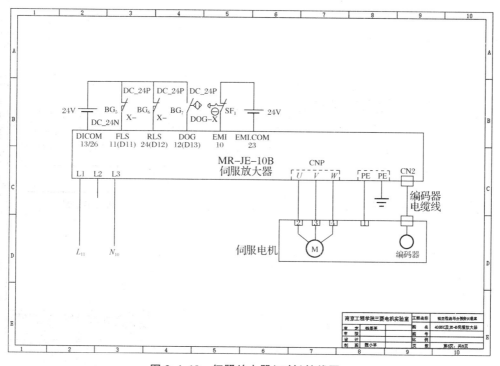

图 2.4.10 伺服放大器(Y 轴)接线图

6. 伺服放大器(Z轴)(见图 2.4.11)

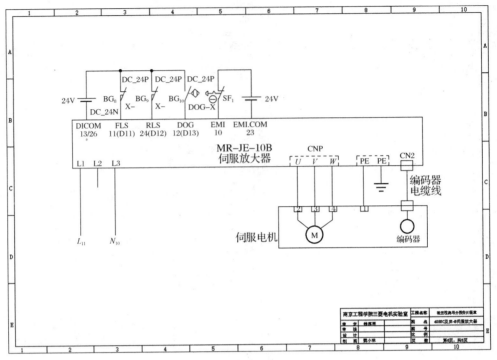

图 2.4.11　伺服放大器(Z轴)

7. 电路接线端子排(见图 2.4.12)

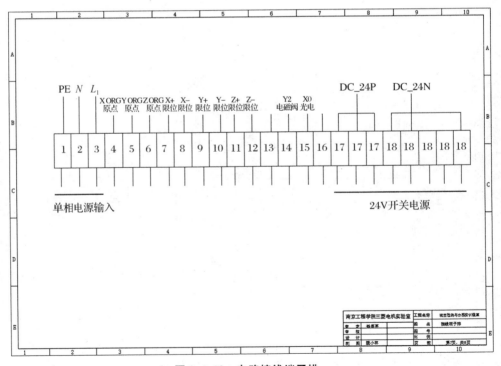

图 2.4.12　电路接线端子排

8. 对象接线端子排（见图 2.4.13）

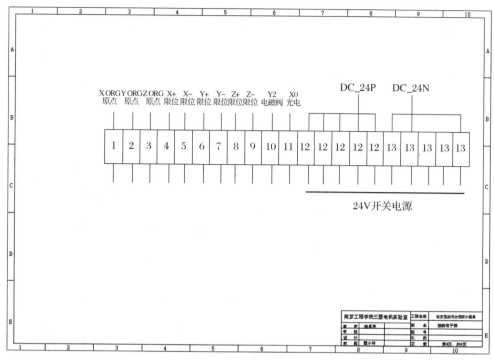

图 2.4.13 对象接线端子排

五、I/O 地址分配表（见表 2.4.2）

表 2.4.2 PLC 输入/输出地址表

地址	说明	电路图端口
X0	工件入槽信号（光电对射）	OUT（光电对射）
Y0	视觉触发信号	COMN1（视觉）
Y1	Z 轴伺服电机抱闸开启信号	BR−
Y2	工件搬运工具气阀开启信号	电磁阀（电路接线端子排）

六、人机界面设计

1. 人机界面配置软元件（见表 2.4.3）

表 2.4.3 人机界面软元件配置表

序号	软元件地址	功能说明
1	M200	X、Y、Z 轴错误复位
2	M201	JOG X−（JOG X 轴负方向）
3	M202	JOG Y+（JOG Y 轴正方向）

（续表 2.4.3）

序号	软元件地址	功能说明
4	M203	JOG Z+（JOG Z 轴正方向）
5	M204	JOG X+（JOG X 轴正方向）
6	M205	JOG Y−（JOG Y 轴负方向）
7	M206	JOG Z−（JOG Z 轴负方向）
8	M207	X、Y、Z 全轴停止
9	M208	Z 轴掉电抱闸开启
10	M209	气阀通断
11	M210	原点回归（自动）
12	Y1	Z 轴掉电抱闸状态
13	Y2	气阀状态
14	M50	1 号仓库状态
15	M51	2 号仓库状态
16	M52	3 号仓库状态
17	M53	4 号仓库状态
18	M54	5 号仓库状态
19	M55	6 号仓库状态
20	M56	7 号仓库状态
21	M57	8 号仓库状态
22	M60	仓库清零

2. 人机界面设计页面（见图 2.4.14）

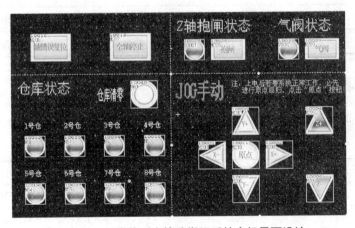

图 2.4.14　视觉检测＋快速搬运系统人机界面设计

3. PLC 工程创建

打开 GX Works3 软件,点击"工程"→"新建",选择 FX5UCPU 并点击确定,如图 2.4.15 所示。

图 2.4.15　FX₅U 新建工程

进入工程点击左侧"模块配置图"进行模块硬件配置,如图 2.4.16 所示。

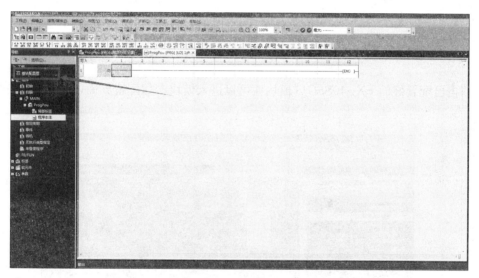

图 2.4.16　模块配置图

在模块配置图的模块库中找到"FX5-40SSC-S 简单运动控制模块",如图 2.4.17 所示。

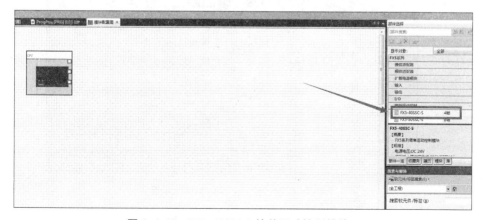

图 2.4.17　FX₅-40SSC-S 简单运动控制模块

　　找到 FX5-40SSC-S 简单运动控制模块后,将模块左击按住并拖至 5U 的右侧,如图 2.4.18所示。

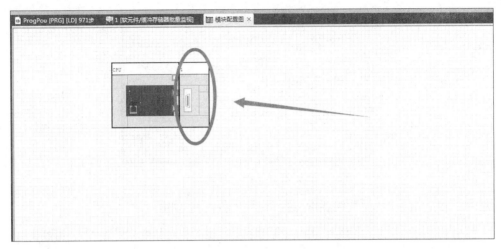

图 2.4.18　FX₅U 与 FX₅-40SSC-S 硬件配置图

　　双击已配置好的 FX₅-40SSC-S 模块便可以进入模块参数配置界面,如图 2.4.19 所示。

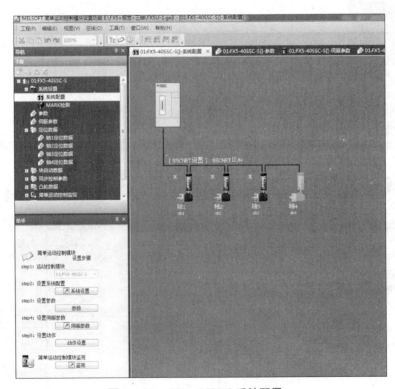

图 2.4.19　FX₅-40SSC-S 系统配置

七、伺服及定位模块 FX₅-40SSC 参数设置

1. MR-JE-10B 伺服参数设置(见图 2.4.20~图 2.4.24)

(1) 在 GX Works3 工程模块配置图中将简单运动控制模块 FX5-40SSC-S (4 轴)添加至 CPU 模块右侧,然后双击 FX5-40SSC-S 模块,进入 40SSC 模块配置,双击伺服放大器图标,进入伺服放大器的参数设置,由于这些设置是在 GX Works3 工程中,所以不需要在伺服参数设置中设置连接。

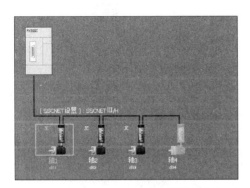

图 2.4.20 FX₅-40SSC-S 模块配置

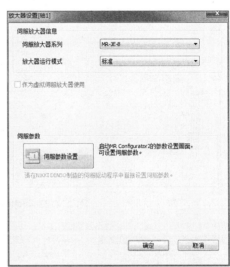

图 2.4.21 伺服放大器设置

(2) 伺服参数设置中"通用-基本参数"设置旋转方向选择,然后在"伺服调整-基本设置"中自动调谐(ATU,RSP)中增益调整模式选择设置为自动调谐模式 2,负载惯量比则根据负载的大小对应修改其大小。视觉检测及快速搬运系统负载中等,所以设置为 25 左右即可。

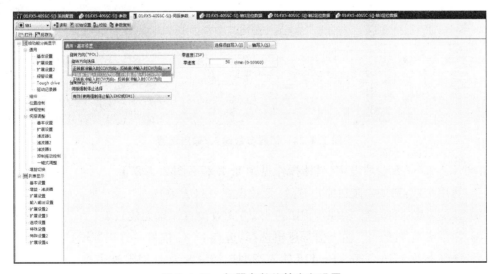

图 2.4.22 伺服参数旋转方向设置

　　(3) ME-JE-B 伺服放大器是 MR-J4-B 的精简版，JE 的外部信号 FLS、RLS 和 DOG 信号也是需要在内部设置的，因此在伺服放大器参数设置"列表显示—输入输出设置"中将 PD03、PD04、PD05 三个参数设置为 0020、0021、0022。

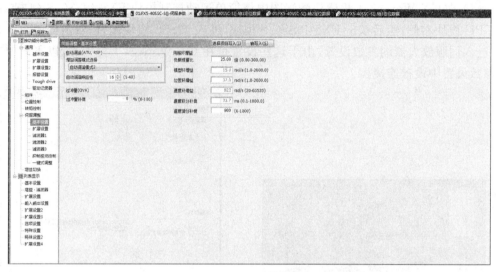

图 2.4.23　伺服参数自动调谐参数设置

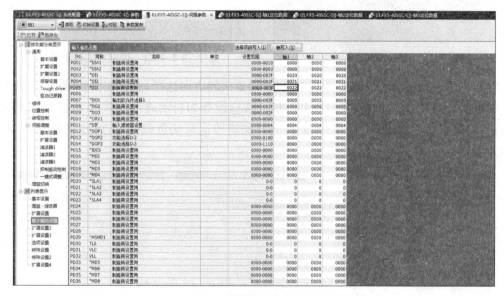

图 2.4.24　伺服参数输入/输出设置

2. FX₅-40SSC-S 参数设定(具体操作见图 2.4.25~图 2.4.27)

(1) 通用参数：Pr.82 强制停止有效/无效设置＝1(无效)。

(2) 详细参数 1：Pr.15 软件行程限位有效/无效设置＝1(无效)。

(3) 详细参数 1：Pr.22 输入信号逻辑选择：近点 DOG 信号＝1(正逻辑)。

(4) 详细参数 1：Pr.116~Pr.118 输入类型选择设置为 1(伺服放大器)。

(5) 详细参数 2：Pr.31 JOG 速度限制值＝50000 pulse/s。

（6）原点回归基本参数：Pr. 43 原点回归方式＝5（计数型②）。

（7）原点回归基本参数：Pr. 44 原点回归方向 轴1、轴2设为1（负方向）轴3设为0（正方向）。

（8）原点回归基本参数：Pr. 46、Pr. 47 原点回归速度和爬行速度（为了快速回归至原点此系统这两个速度应一致）轴1数据为100000 pulse/s、轴2设置为150000 pulse/s、轴3设置为50000 pulse/s。

（9）原点回归基本参数：Pr. 48 原点回归重试＝1（进行限位开关的原点回归重试）。

（10）原点回归详细参数：Pr. 53 原点移位量 轴1＝100000 pulse/s、轴2＝－330000 pulse/s、轴3＝－50000 pulse/s（轴1、轴2、轴3的原点移位量根据具体的实体对象情况做修改）。

（11）打开基本参数可设置"单位设置"、"每转移动量"、"减速比"和"每转脉冲数"；单位设置为3：pulse、负载每转移动量为20000 pulse、减速比为1：1，每转脉冲数为20000 pulse。

图 2. 4. 25　FX₅-40SSC-S 通用参数设置和详细参数 1 设置

显示筛选(R)　全部显示　计算基本参数1(B)

项目	轴1	轴2	轴3
⊟ 详细参数2	按照系统配置在系统启动时进行设置(应需设置)。		
Pr.25:加速时间1	1000 ms	1000 ms	1000 ms
Pr.26:加速时间2	1000 ms	1000 ms	1000 ms
Pr.27:加速时间3	1000 ms	1000 ms	1000 ms
Pr.28:减速时间1	1000 ms	1000 ms	1000 ms
Pr.29:减速时间2	1000 ms	1000 ms	1000 ms
Pr.30:减速时间3	1000 ms	1000 ms	1000 ms
Pr.31:JOG速度限制值	50000 pulse/s	50000 pulse/s	50000 pulse/s
Pr.32:JOG运行加速时间选择	0:10	0:10	0:10
Pr.33:JOG运行减速时间选择	0:10	0:10	0:10
Pr.34:加减速处理选择	0:梯形加减速处理	0:梯形加减速处理	0:梯形加减速处理
Pr.35:S曲线比率	100 %	100 %	100 %
Pr.36:急停止减速时间	1000 ms	1000 ms	1000 ms
Pr.37:停止组1急停止选择	0:通常的减速停止	0:通常的减速停止	0:通常的减速停止
Pr.38:停止组2急停止选择	0:通常的减速停止	0:通常的减速停止	0:通常的减速停止
Pr.39:停止组3急停止选择	0:通常的减速停止	0:通常的减速停止	0:通常的减速停止
Pr.40:定位完成信号输出时间	300 ms	300 ms	300 ms
Pr.41:圆弧插补误差允许范围	100 pulse	100 pulse	100 pulse
Pr.42:外部指令功能选择	0:外部定位启动	0:外部定位启动	0:外部定位启动
Pr.83:degree轴速度10倍指定	0:无效	0:无效	0:无效
Pr.84:伺服OFF→ON时的重新…	0 pulse	0 pulse	0 pulse
Pr.90:速度·转矩控制模式动作…	0:指令转矩	0:指令转矩	0:指令转矩
Pr.90:速度·转矩控制模式动作…	0:指令速度	0:指令速度	0:指令速度
Pr.90:速度·转矩控制模式动作…	0:模式切换时的切换…	0:模式切换时的切换…	0:模式切换时的切换…
Pr.127:控制模式切换时速度限…	0:可取得	0:可取得	0:可取得
Pr.95:外部指令信号选择	0:未使用	0:未使用	0:未使用
⊟ 原点回归基本参数	设置进行原点回归控制所需要的值(可编程控制器就绪信号时有…		
Pr.43:原点回归方式	5:计数型②	5:计数型②	5:计数型②
Pr.44:原点回归方向	1:负方向(地址减少…	1:负方向(地址减少…	0:正方向(地址增加…
Pr.45:原点地址	0 pulse	0 pulse	0 pulse
Pr.46:原点回归速度	100000 pulse/s	150000 pulse/s	50000 pulse/s
Pr.47:爬行速度	100000 pulse/s	150000 pulse/s	50000 pulse/s
Pr.48:原点回归重试	1:进行限位开关的原…	1:进行限位开关的原…	1:进行限位开关的原…

图 2.4.26　FX_5-40SSC-S 详细参数 2 设置和原点回归基本参数设置

⊟ 原点回归详细参数	设置进行原点回归控制所需要的值(可编程控制器就绪信号时有…		
Pr.50:近点DOG ON后的移动量…	20000 pulse	20000 pulse	20000 pulse
Pr.51:原点回归加速时间选择	0:10	0:10	0:10
Pr.52:原点回归减速时间选择	0:10	0:10	0:10
Pr.53:原点移位量	100000 pulse	-330000 pulse	-50000 pulse
Pr.54:原点回归转矩限制值	300.0 %	300.0 %	300.0 %
Pr.55:原点回归未完成时动作…	0:不执行定位控制	0:不执行定位控制	0:不执行定位控制
Pr.56:原点移位时的速度指定	0:原点回归速度	0:原点回归速度	0:原点回归速度
Pr.57:原点回归重试时的停留…	0 ms	0 ms	0 ms
Pr.86:脉冲转换模块原点回归…	0:伺服OFF时原点回…	0:伺服OFF时原点回…	0:伺服OFF时原点回…
Pr.87:脉冲转换模块清零信号…	0 ms	0 ms	0 ms

图 2.4.27　FX_5-40SSC-S 原点回归详细参数设置

八、参考程序

PLC 程序(见图 2.4.28)

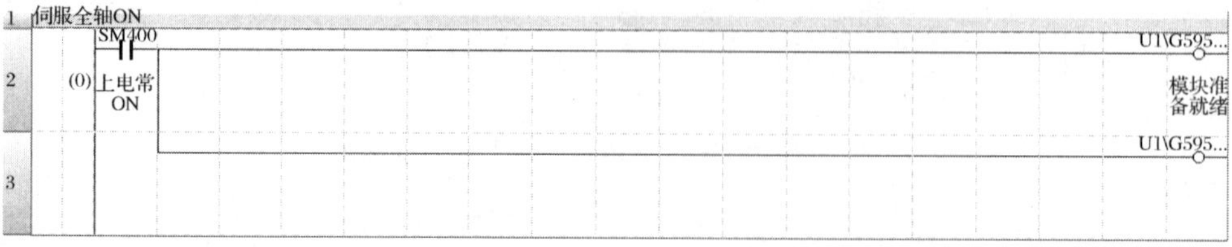

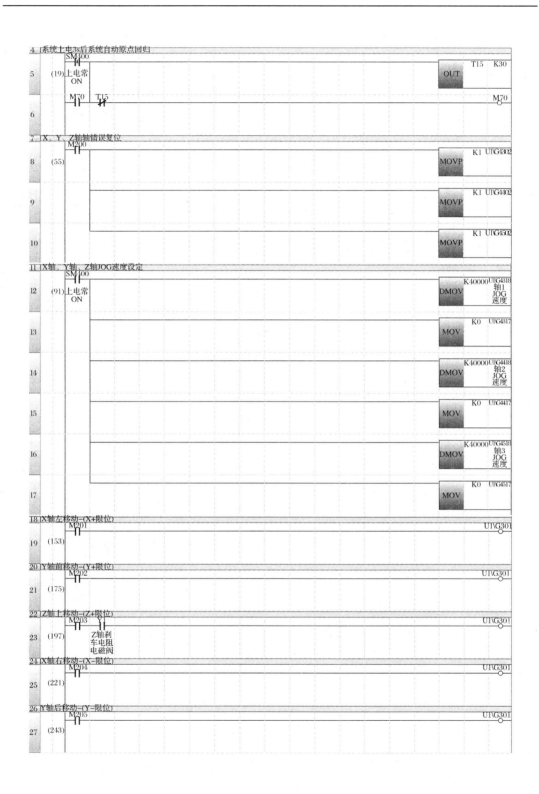

28 [Z轴下移动-(Z-限位)

| 29 | (265) | M206
Z轴刹
车电阻
电磁阀 | | U1\G301... |

30 [X、Y、Z轴停止

31	(289)	M207		U1\G301... 轴1 停止
32				U1\G301... 轴2 停止
33				U1\G301... 轴3 停止

34 三轴的数据监测

35	(313)	SM400 上电常 ON	DMOV	U1\G2400 D300 轴1 轴1 位置 位置 缓存区
36			DMOV	U1\G2500 D302 轴2 轴2 位置 位置 缓存区
37			DMOV	U1\G2600 D304 轴3 轴3 位置 位置 缓存区

38 Z轴电机电磁抱闸解除

| 39 | (345) | SM400 M208
上电常
ON | | Y1
Z轴刹
车电阻
电磁阀 |

40 气阀通断

| 41 | (366) | M209 | | Y2
气阀 |

42 [X、Y、Z轴原点回归

43	(379)	M210 Z轴刹 车电阻 电磁阀	MOVP	K9001 U1\G4300
44		T15	MOVP	K9001 U1\G4400
45			MOVP	K9001 U1\G4500
46			OUT	T8 K30
47		T8	RST	M210

48 [X、Y、Z轴定位启动

49	(427)	M210		U1\G301... 轴1定 位启动
50		Y10 圆块1		
51		Y11 圆块2		
52		Y12 圆块3		
53		Y13 圆块4		

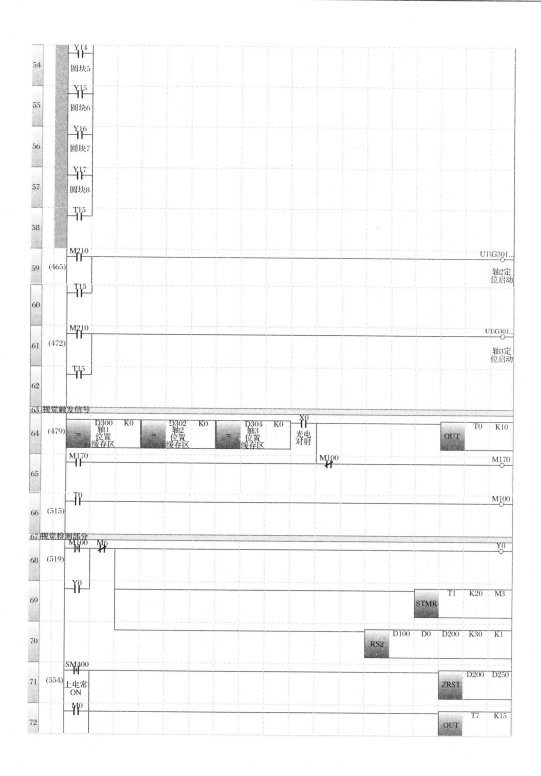

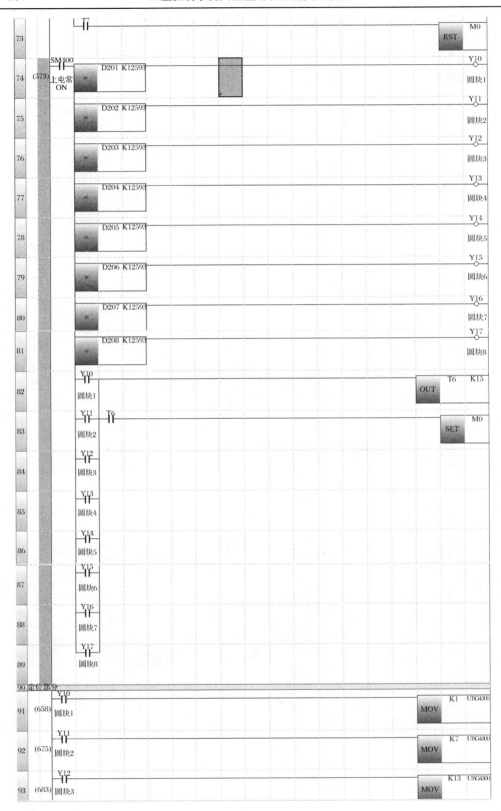

90 定位部分

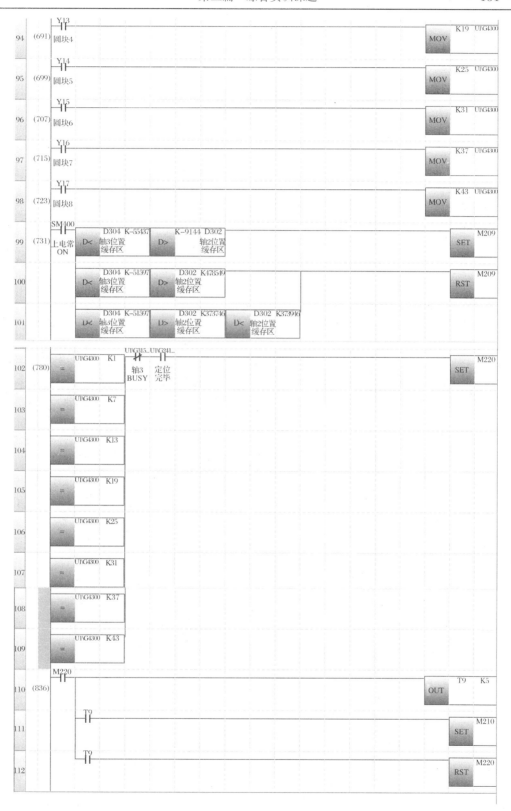

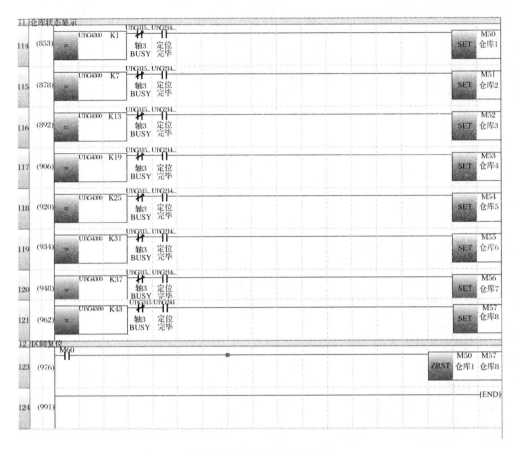

图 2.4.28　PLC 梯形图程序

项目五　基于 FX$_\text{5U}$-PLC 工业机器人高速装配实训装置控制系统设计

一、系统结构

1. 系统实物图及结构图(见图 2.5.1 及图 2.5.2)

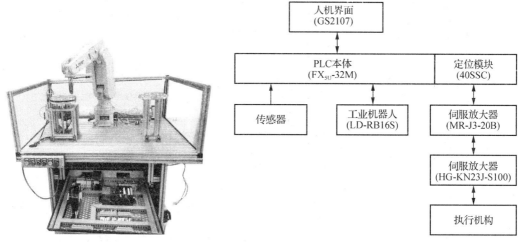

图 2.5.1　控制系统实物图　　　　　　　图 2.5.2　系统结构图

二、工作原理

1. 运行步骤

(1) 按下启动按键,工业机器人高速搬运系统进行初始化。

垂直关节机器人运行到中间点位置。然后从库盘上按顺序抓取工件(先抓圆形工件再抓方形工件),下一步运行到中间点位置,之后再运行到目标盘的工件放置点(圆形工件或方形工件放置点),等待 PLC 的"释放"信号。接收到 PLC 的信号时,垂直关节机器人松开手抓,工件落入目标盘的工件序位内。

(2) 按下启动按键目标盘匀速转动。

① 目标盘机构上配置的对射式光电传感器(X0)检测到信号(目标盘工件库位中心点配有小通孔),PLC 将目标盘机构的当前旋转角度位置记录下来,补偿一个固定的角度偏移之后,获得一个圆形工件库位的角度,当伺服电机驱动到圆形库盘上空白工位运行到圆块工件偏移后的角度范围之后,PLC 发出"释放圆形工件"信号(Y12)。

② 目标盘机构上接近开关传感器(X1)检测到信号,PLC 将目标盘机构的当前角度位置记录下来,补偿以固定的偏移角度(90°)得到方形工件最佳释放角度,当目标盘机构旋转至该角度时,PLC 发出"释放方形元件"信号(Y10)。

注:当按下"启动"按键后,"释放圆形元件"信号(Y12)和"释放方形元件"信号(Y10)在满足条件的情况下(详情请看流程图 2.5.3)是一直有效的。由于三菱电机工业机器人程序是按步执行的,所以当工业机器人程序执行到等待释放手爪信号时,Y10 和 Y12 发出的信号才是有效的,其他时候是无效的!

2. 系统操作流程(见图 2.5.3 及图 2.5.4)

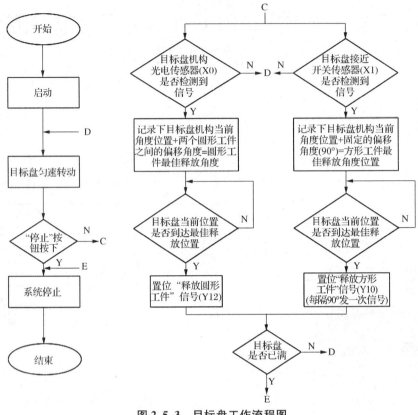

图 2.5.3　目标盘工作流程图

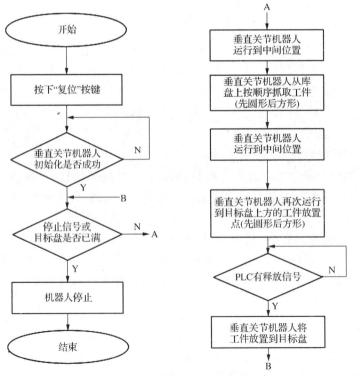

图 2.5.4　机器人工作流程图

三、主要元器件清单(见表 2.5.1)

表 2.5.1　主要元器件清单

序号	元件名称	型号	数量	备注
1	小型断路器	BV-D	1	三菱电机
2	小型断路器	BH-D6	1	三菱电机
3	FX-PLC CPU	FX_{5U}-32M	1	三菱电机
4	定位模块	FX_5-40SSC-S	1	三菱电机
5	伺服放大器	MR-J3-20B	1	三菱电机
6	伺服电机	HG-KN23J-S100	1	三菱电机
7	工业机器人高速装配实训装置	LD-RB16S	1	南京菱电

四、系统电路设计(见图 2.5.5~图 2.5.9)

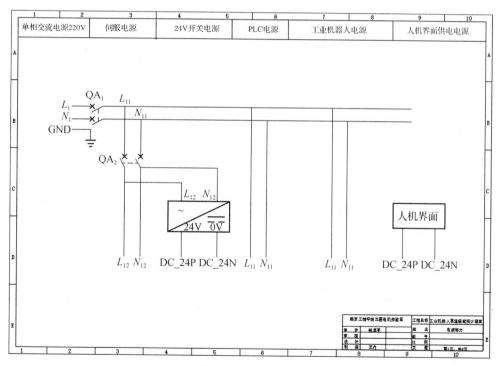

图 2.5.5　电源电路

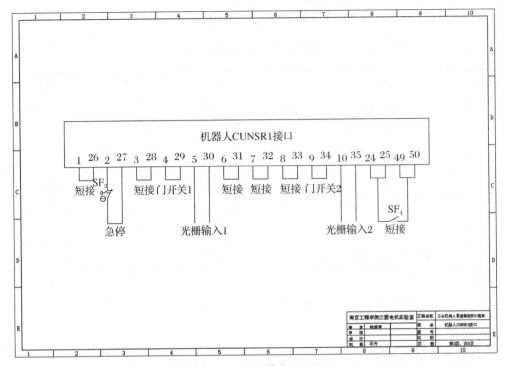

图 2.5.6　RV 机器人 CUNSR1

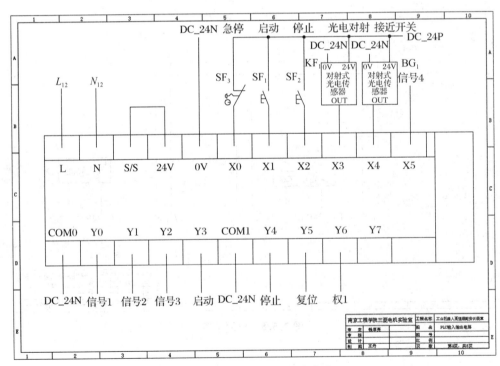

图 2.5.7　PLC 输入/输出电路

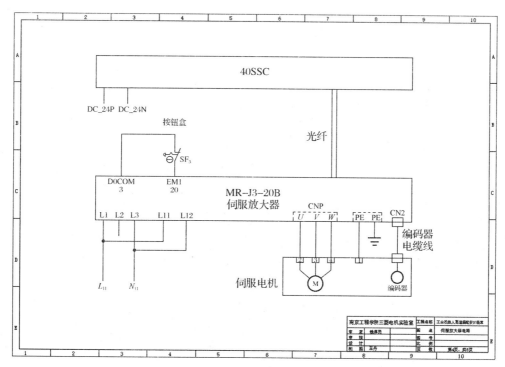

图 2.5.8 伺服放大器电路

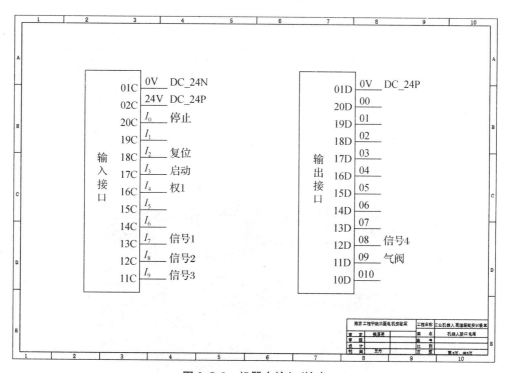

图 2.5.9 机器人输入/输出

五、I/O 地址分配表

1. 六轴垂直关节机器人 I/O 地址(见表 2.5.2)

表 2.5.2　六轴垂直关节机器人 I/O 地址

输入点	使用端口及含义	电路图端口	输出点	使用端口及含义	电路图端口
DI0	停止	停止	DO0		
DI1			DO1		
DI2	复位	复位	DO2		
DI3	启动	启动	DO3		
DI4	操作权 1	权 1	DO4		
DI5			DO5		
DI6			DO6		
DI7	触发用子程序	信号 1	DO7		
DI8	方形元件放置	信号 2	DO8	机器人抓取完成	信号 4
DI9	圆形元件放置	信号 3	DO9	气阀动作信号	气阀
DI10			DO10		

2. PLC I/O 地址分配表(见表 2.5.3)

表 2.5.3　PLC I/O 地址分配表

输入点	使用端口及含义	电路图端口	输出点	使用端口及含义	电路图端口
X0	按钮急停	急停	Y0	触发用子程序	信号 1
X1	按钮启动	启动	Y1	方料放置	信号 2
X2	按钮停止	停止	Y2	圆料放置	信号 3
X3	目标盘光电检测	光电对射	Y3	机器人启动	启动
X4	接近开关	接近开关	Y4	机器人停止	停止
X5	机器人运行结束	信号 4	Y5	机器人复位	复位
X6			Y6	机器人操作权	权 1

六、人机界面设计

1. 人机界面设计页面(见图 2.5.10)

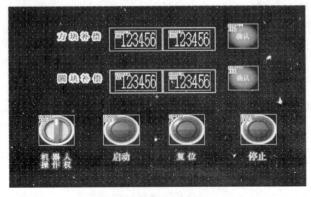

图 2.5.10　人机界面

2. 人机界面配置软元件（见表 2.5.4）

表 2.5.4　人机界面配置软元件

序号	软元件地址	功能说明
1	X1	启动
2	X2	停止
3	M6	复位
4	M200	操作权
5	D60	圆形元件补偿角度
6	D100	圆形元件修正角度
7	D40	方形元件补偿角度
8	D102	方形元件修正角度
9	M190	圆形元件修正确认
10	M192	方形元件修正确认

七、伺服参数设置

1. 伺服参数设置

（1）伺服放大器系统配置（见图 2.5.11）

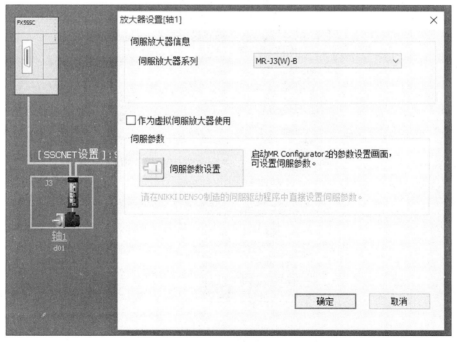

图 2.5.11　伺服放大器系统配置界面

（2）自动调谐及伺服环增益设置（见图 2.5.12）

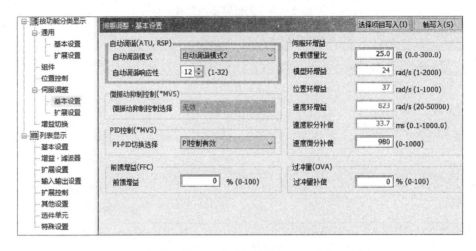

图 2.5.12　伺服调整——自动调谐及伺服环增益设置界面

2. 40SSC 参数设置

（1）40SSC 参数设置（见图 2.5.13）

图 2.5.13　40SSC 参数设置界面

（2）40SSC 轴 1 定位数据设置（见图 2.5.14）

No.	运行模式	控制方式	插补对象轴	加速时间号	减速时间号	定位地址	圆弧地址	指令速度	停留时间	M代码
1	0:结束	02h:INC 直线1	-	0:1000	0:1000	450 pulse	0 pulse	60000 pulse/s	0 ms	0
	<定位注释>									
2	<定位注释>									

图 2.5.14　40SSC 轴 1 定位数据设置界面

八、参考程序

1. PLC 程序（见图 2.5.15）

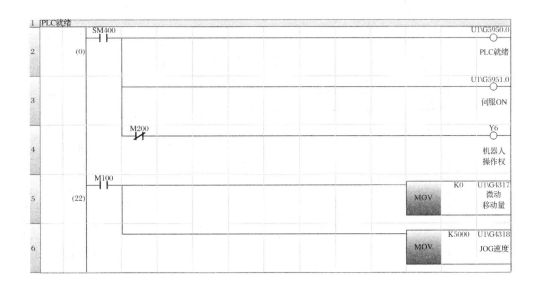

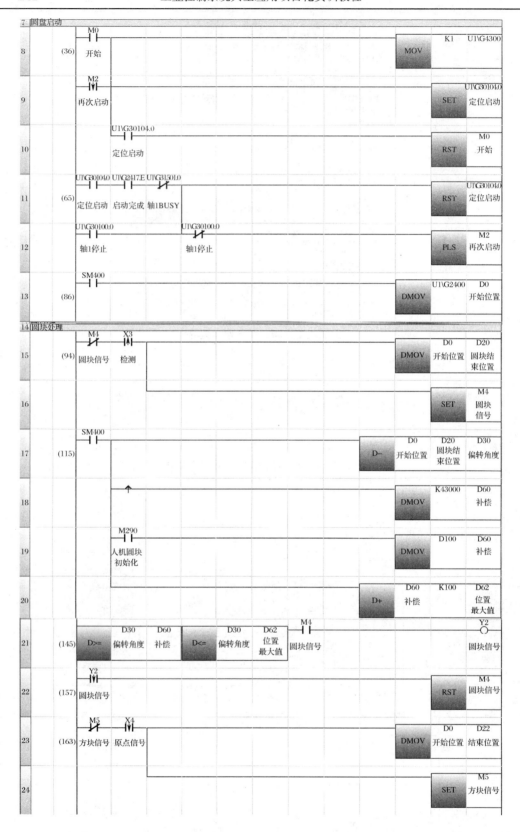

25 方块信息处理

26	(175)	SM400			D-	D0 开始位置	D22 结束位置	D32 偏转角度
27		↑			DMOV	K10920	D40 补偿	
28		X1 启动			MOV	K0	D210	
29		M190			DMOV	D102	D40 补偿	
30					D+	D40 补偿	K21841	D42
31					D+	D42	K21841	D44
32					D+	D44	K21841	D46
33					D+	D40 补偿	K200	D50
34					D+	D42	K200	D52
35					D+	D44	K200	D54
36					D+	D46	K200	D56

37	(259)	D>=	D32 偏转角度	D40 补偿	D<=	D32 偏转角度	D50	M5 方块信号	Y1 方块信号
38		D>=	D32 偏转角度	D42	D<=	D32 偏转角度	D52		
39		D>=	D32 偏转角度	D44	D<=	D32 偏转角度	D54		
40		D>=	D32 偏转角度	D46	D<=	D32 偏转角度	D56		
41	(298)	D>=	D32 偏转角度	D46	D<=	D32 偏转角度	D56	↓	RST M5 方块信号

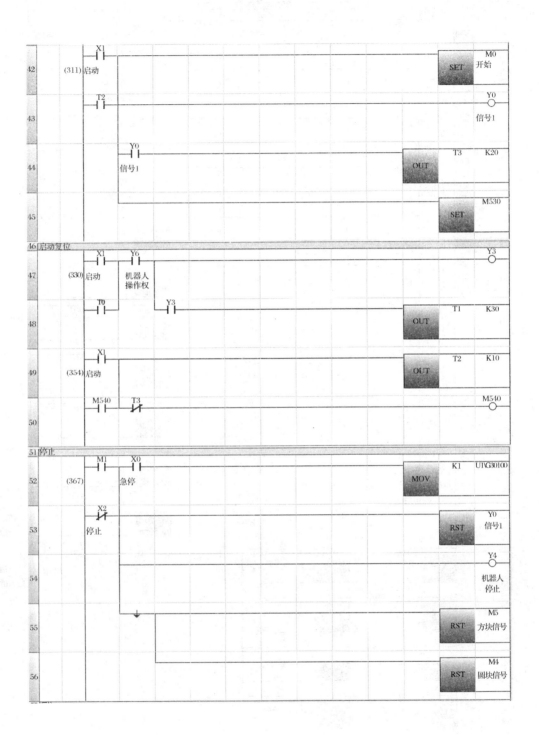

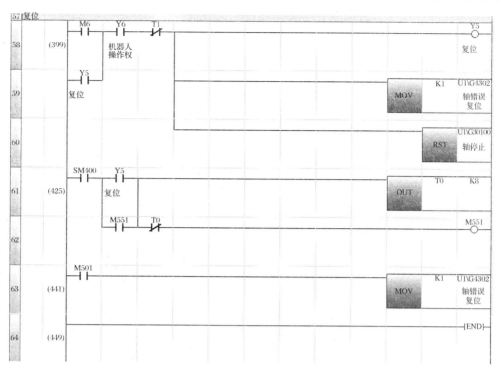

图 2.5.15 参考 PLC 程序

2. 六轴垂直关节机器人程序

＊START //主程序//

Ovrd 30 //速度倍率30%//

Servo On //伺服上电//

Tool(＋0.00,＋0.00,＋100.00,＋0.00,＋0.00,＋0.00)//设置工具坐标//

M_Out(9)＝0//气动阀关闭//

Mvs P1//初始化位置//

If M_In(7)＝1 Then GoTo ＊WORK1 Else GoTo ＊START//判断是否调到子程序//

＊WORK1//子程序//

Dly 0.5

Ovrd 80

Mvs P11,－20//料盘方块上方20 mm//

M_Out(9)＝1 //气阀打开//

Mvs P11 //料盘方块//

Dly 0.3

Mvs P11,－20 //料盘方块上方20//

Cnt 1,30,30 //中间点过渡 //

Mvs P10 //中间点 //

```
Mvs P21，－20       //目标盘方块放置点上方 20 mm //
Dly 0.1
Mvs P21            //方块放置点 //
Wait M_In(9)＝0    //阀关闭 //
Wait M_In(9)＝1    //气阀打开 //
Mvs P21，＋2        //方块放置点上方 18 mm //
Dly 0.1
M_Out(9)＝0        //气阀关闭 //
Mvs P21，－20       //目标盘方块放置点上方 20 mm //
Cnt 1,30,30        //过渡点 //
Mvs P10
M_Out(8)＝0
P13.A＝P12.A        //定义 P12,P13,P15 的 ABC 姿势成分 //
P13.B＝P12.B
P13.C＝P12.C
P15.A＝P12.A
P15.B＝P12.B
P15.C＝P12.C
Def Plt 3,P12,P13,P14,8,1,3  //圆弧 8 个点均分算法定义 //
M2＝1                         //变量赋值 //
 *LOOP1                       //循环程序 //
P15＝(Plt 3,M2)               //运算托盘号 3 内数值变量 M2 的位置，赋值给 P15 //
Mvs P15，－20                  //料盘各个圆块位置点上方 20 mm //
M_Out(9)＝1
Mvs P15                       //料盘各个圆块的位置//
Dly 0.3
Mvs P15，－20                  //料盘各个圆块位置点上方 20 mm //
Cnt 1,30,30
Mvs P10                       //中间过渡点//
Mvs P22，－20                  //目标盘圆块位置上方 20 mm//
Dly 0.1
Mvs P22                       //目标盘圆块位置//
Wait M_In(8)＝0
Wait M_In(8)＝1               //圆料放置等待信号//
Mvs P22，＋2                   //圆料放置点上方 18 mm//
Dly 0.1
M_Out(9)＝0                   //气阀关闭//
Mvs P22，－20
```

```
Cnt 1,30,30
Mvs P10
M2＝M2＋1                   //变量自动加 1//
If M2＜＝8 Then ＊LOOP2      //如果变量小于等于 8 则跳到循环程序//
＊LOOP2
M_Out(8)＝1                 //抓取完成信号//
Mvs P1                     //回到初始化位置//
Servo Off                  //伺服失电//
End                        //程序结束//
```

P10＝(＋210.85,－16.20,＋300.35,－180.00,＋0.00,＋90.01)(7,0)　//中间点//

P1＝(＋152.73,＋6.04,＋240.95,＋180.00,＋0.00,＋29.96)(7,0)　　//home 点//

P13＝(－53.53,－326.71,＋106.28,＋180.00,＋0.00,－47.44)(7,0)

//库盘定义的中间点//

P12＝(＋85.08,－384.67,＋106.28,＋180.00,＋0.00,－47.44)(7,0)

//库盘定义的起点//

P15＝(－53.51,－386.17,＋106.28,＋180.00,＋0.00,－47.44,＋0.00,＋0.00)(7,0)

//库盘定义的变量点//

P14＝(＋45.44,－425.30,＋106.28,＋179.99,＋0.01,－47.42)(7,0)

//库盘定义的终点//

P22＝(＋88.89,＋418.00,＋195.66,＋180.00,＋0.00,＋90.01)(7,0)

//目标盘圆块放置点//

P11＝(＋15.96,－356.11,＋106.18,＋180.00,＋0.00,－47.44)(7,0)

//方块抓取点//

P21＝(＋16.02,＋415.84,＋195.15,＋180.00,＋0.00,＋127.19)(7,0)

//方块放置点//

附件1 GX Works3 使用说明

找到 GX Works3 软件后，双击打开，如图 3.1 所示。

图 3.1 软件

点击工程—新建，跳出选择框时，选择 FX5CPU 的工程，最后点击确定。如图 3.2 及图 3.3 所示。

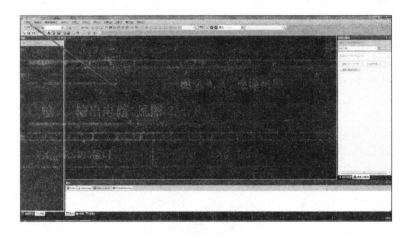

图 3.2 工程新建

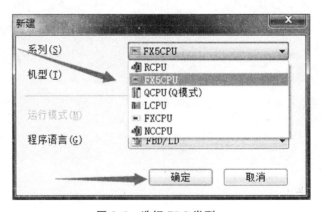

图 3.3 选择 PLC 类型

进入工程后,双击模块配置图,如图 3.4 所示。

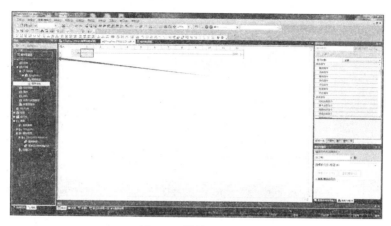

图 3.4　模块配置图

进入模块配置图后点击部件选择,选择其中"简单运动控制"—"FX5-40SSC-S　4 轴",并点击"FX5-40SSC-S 模块"拖入配置图中,如图 3.5~图 3.7 所示。

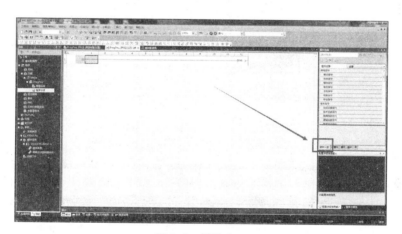

图 3.5　模块库

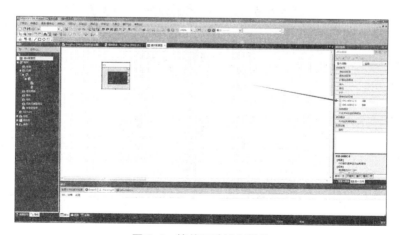

图 3.6　简单运动控制模块

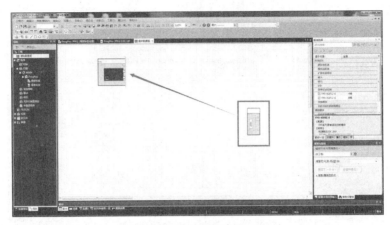

图 3.7　硬件配置

　　配置好后双击"FX5-40SSC-S　4 轴"模块并点击"确认"进入它的配置界面,如图 3.8 及图 3.9 所示。

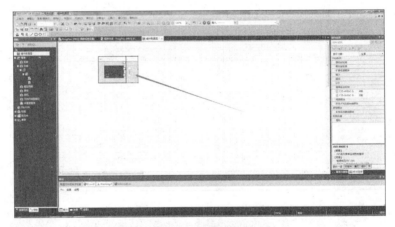

图 3.8　FX$_5$-40SSC-S 模块正确接入

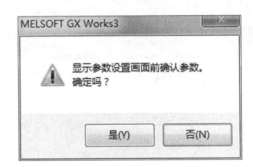

图 3.9　配置参数

　　进入"FX5-40SSC-S　4 轴"配置界面后,先将其中三个伺服驱动器配置好,如图 3.10 所示。

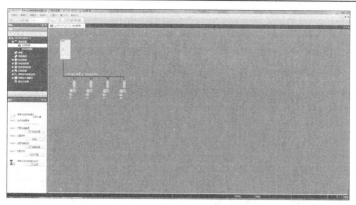

图 3.10　配置界面

首先将三个 MR-JE-B 伺服放大器晶体管显示屏下方的小圆盘拨码,进行系统的分轴,轴 1、轴 2、轴 3 的分配,如图 3.11 所示。

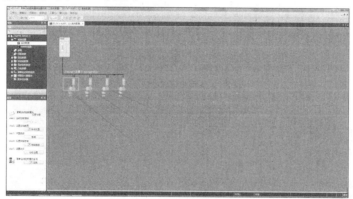

图 3.11　伺服放大器设置

双击轴 1、轴 2、轴 3 将其伺服放大器配置为"MR-JE-B",如图 3.12 所示。

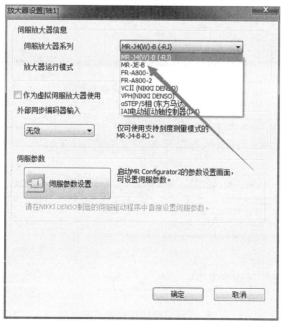

图 3.12　选择伺服放大器机型

然后点击确定。

配置好后，双击"FX5-40SSC-S　4 轴"模块，进入它的配置界面，如图 3.13 及图 3.14 所示。

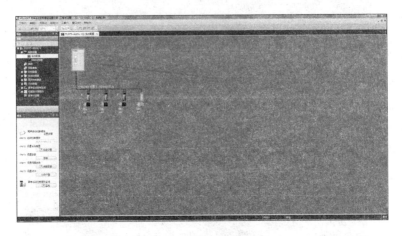

图 3.13　模块参数配置

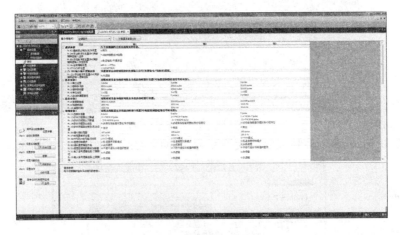

图 3.14　运动模块参数界面

FX₅-40SSC-S 的配置取决于项目的需求（由于"三轴＋视觉"未用到 FX₅-40SSC-S 的外部信号，所以将 FX₅-40SSC-S 的急停信号 Pr. 82 设置为"无效"），如图 3.15 所示。

项目	轴1	轴2	轴3
显示适应范围……不依据各轴的个体系统相关的参数			
Pr.82:强制停止有效/无效设置	1:无效		
Pr.81:外部脉冲输出类型	*:ABS绝对位置检测		
Pr.89:手动脉冲发生器/INC输入	1:电压输出/开集类型		
Pr.96:运算周期设置	0001h:1.777ms		
Pr.97:SSCNET设置	0:SSCNETⅢ/H		
Pr.150:输入端子逻辑选择	设置简单运动控制模块的外部输入信号(外部指令/切换)的逻辑。		
Pr.151:手动脉冲发生器/INC输入	0:负逻辑		
基本参数1	按照机械设备和相应电机在系统启动时进行设置(可编程控制器载信号时有效)。		
Pr.1:单位设置	3:pulse	3:pulse	3:pulse
Pr.2:每转脉冲数	20000 pulse	20000 pulse	20000 pulse
Pr.3:每转移动量	20000 pulse	20000 pulse	20000 pulse
Pr.4:单位倍率	1:x 1倍	1:x 1倍	1:x 1倍
Pr.7:启动偏置速度	0 pulse/s	0 pulse/s	0 pulse/s
基本参数2	按照机械设备和相应电机在系统启动时进行设置。		
Pr.8:速度限制值	200000 pulse/s	200000 pulse/s	200000 pulse/s
Pr.9:加速时间0	1000 ms	1000 ms	1000 ms
Pr.10:减速时间0	1000 ms	1000 ms	1000 ms

图 3.15　模块强制停止无效化

三个轴的软元件行程限位设置为"无效"。其中 Pr. 116 Pr. 117 Pr118 三个参数,由于项目对象用到了 JE-B 放大器的外部信号,所以需要选择为"伺服放大器";然后输入信号"上限限位、下限限位、近点狗信号"的正负逻辑,视实际情况而定,如图 3.16 所示。

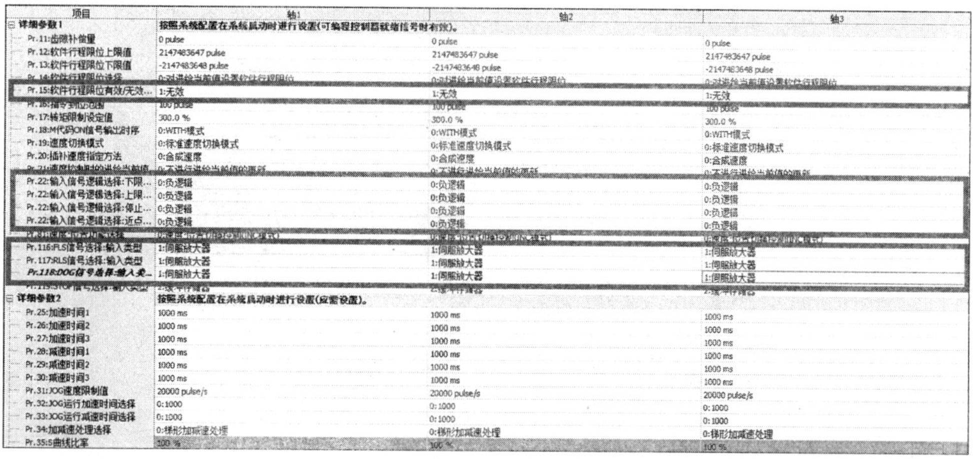

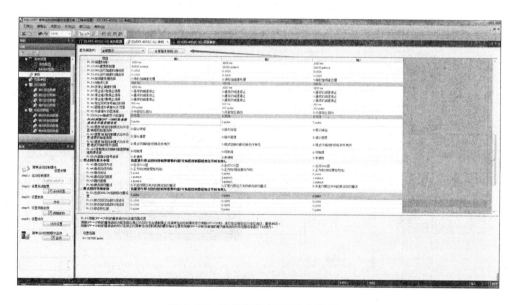

图 3.16　运动模块详细参数设置

点击"计算基本参数",进入伺服电机每转脉冲的设置,如图 3.17 所示。

图 3.17　运动模块计算基本参数

将机械配置选择为"其他",如图 3.18 所示。

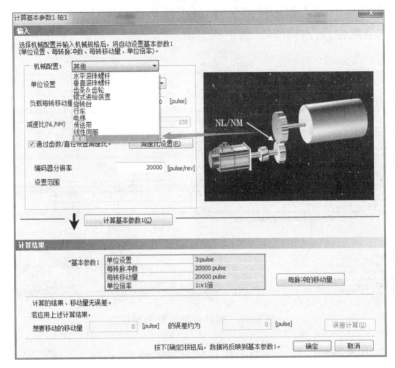

图 3.18　运动模块的机械配置

单位设置为"3:pluse",如图 3.19 所示。

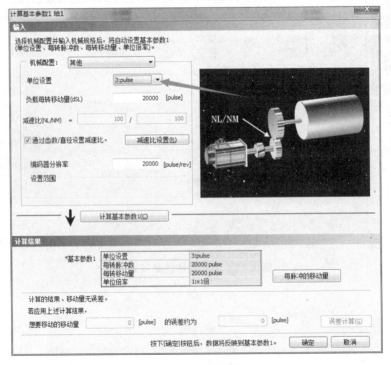

图 3.19　运动模块单位设置

"编码器分辨率"的设置和上面的"负载每转移动量"为一致即可,如图 3.20 所示。

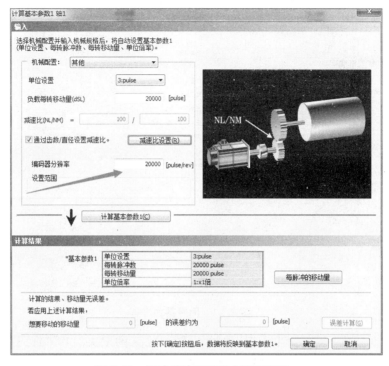

图 3.20　运动模块编码器分辨率设置

FX$_5$-40SSC-S 参数设定好后,电机"伺服参数",进入伺服参数的设置,如图 3.21 所示。

图 3.21　伺服参数设置

点击"伺服调整—基本设置",其中"负载惯量比"和"增益调整模式选择"由负载大小决定,如图 3.22 所示。

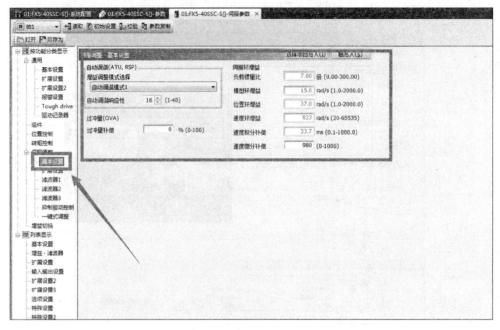

图 3.22　伺服基本设置

点击"列表显示—输入输出设置"将轴 1、轴 2 轴 3 的 PD03\PD04\PD05 参数设置为
0020、0021、0022，随后将这些配置好后先进行轴写入，如图 3.23 所示。

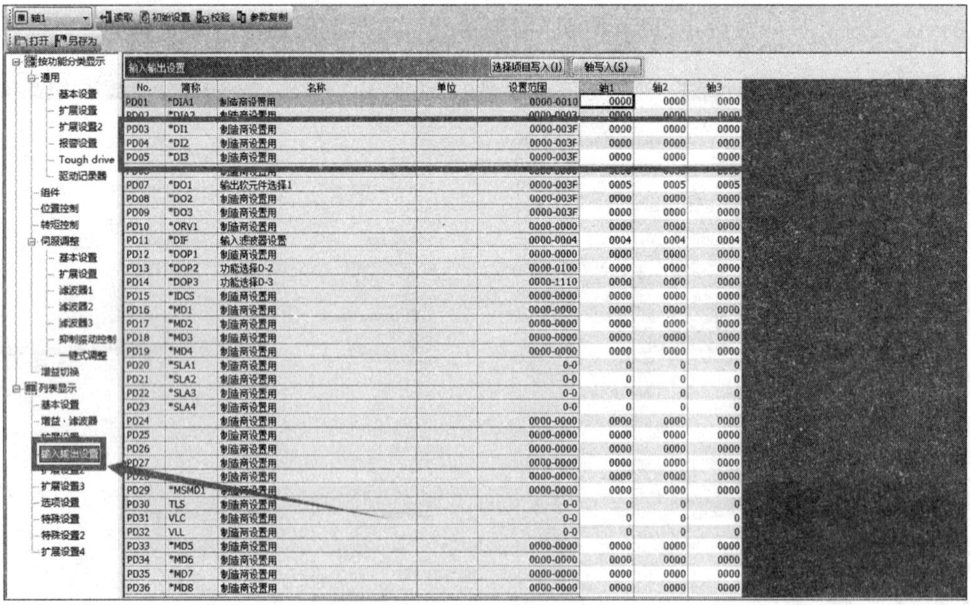

图 3.23　伺服输入输出设置

轴写入之前先进行工程与 PLC 的连接设置，返回工程界面，点击"连接目标"，如
图 3.24所示。

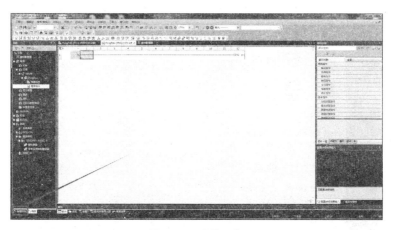

图 3.24　连接目标

双击"Connection"进入连接目标设置界面,如图 3.25 及图 3.26 所示。

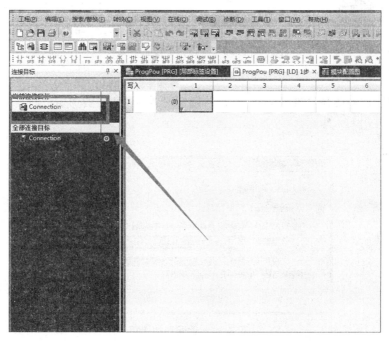

图 3.25　连接目标设置

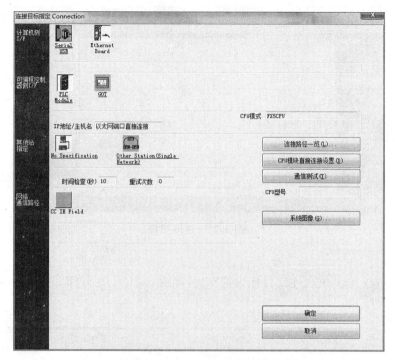

图 3.26　连接目标设置界面

在"适配器"中选择自带网卡驱动,随后确定设置,如图 3.27 所示。

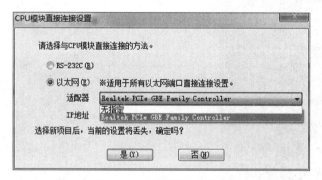

图 3.27　适配器的选择

然后点击"通信测试",测试成功点击"确定",如图 3.28 所示。

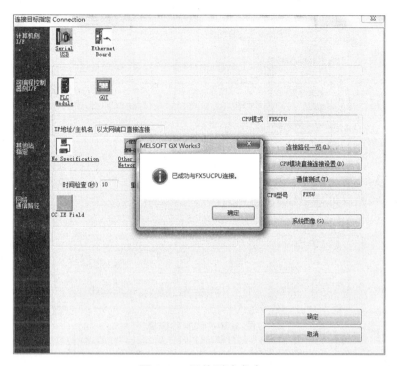

图 3.28　通信测试成功

通信测试成功后,返回至伺服轴写入界面进行伺服轴参数写入,如图 3.29 所示。

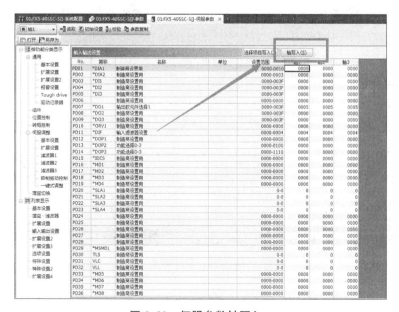

图 3.29　伺服参数轴写入

进行轴写入时,将三个轴都勾选;然后点击"写入"即可,如图 3.30 所示。

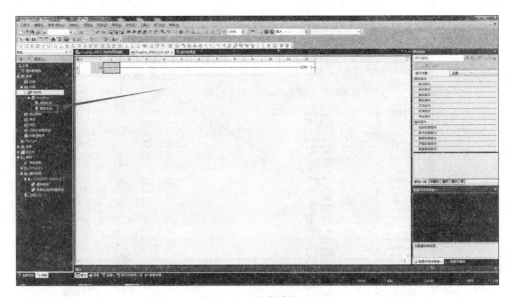

图 3.30　伺服轴选择

伺服工程下载好后开始编写程序。点击工程界面"程序"→"扫描"→"MAIN"→"程序本体",如图 3.31 所示。

图 3.31　程序编程

工程界面上方有梯形图功能按键,如图 3.32 所示。

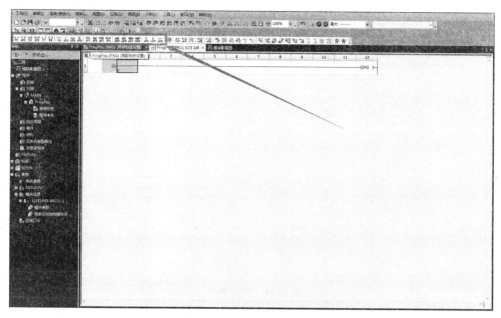

图 3.32 梯形图触点功能按键

在工程界面点击"写入模式",如图 3.33 所示。

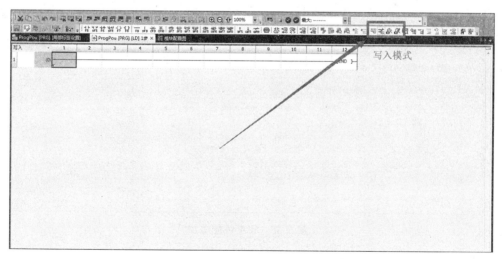

图 3.33 工程转为写入模式

点击常开触点(F5),然后软元件设置为 X0,如图 3.34 所示。

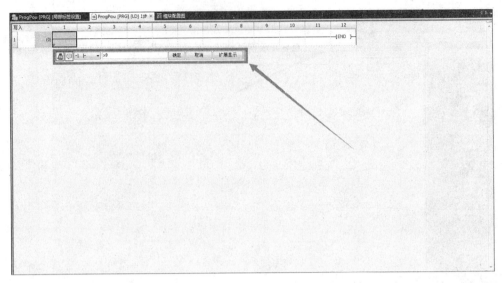

图 3.34　程序编写

然后再点击线圈功能按键,软元件为 Y0,如图 3.35 所示。

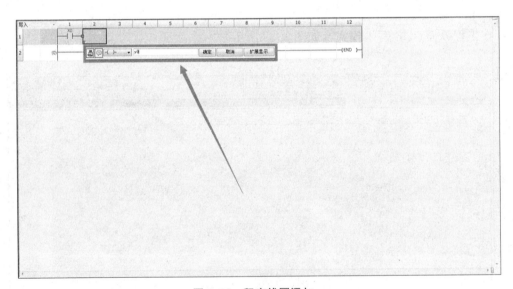

图 3.35　程序线圈添加

程序编写好后如图 3.36 所示。

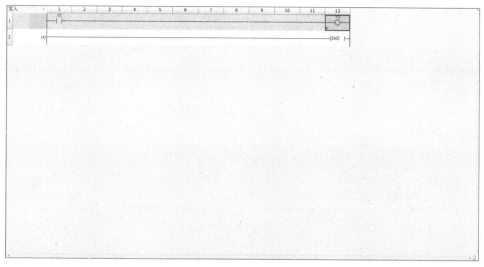

图 3.36　简单程序编写完成

此时程序部分还是灰色的,所以并未完成,在工程界面上方点击"编译"按键,将程序进行编译,若无编译错误即可将程序下载至 PLC,如图 3.37 所示。

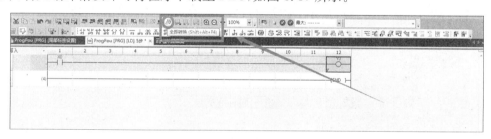

图 3.37　程序编译

随后可以对所用的软元件进行注释。点击"软元件"→"软元件注释"→"通用软元件注释",如图 3.38 所示。

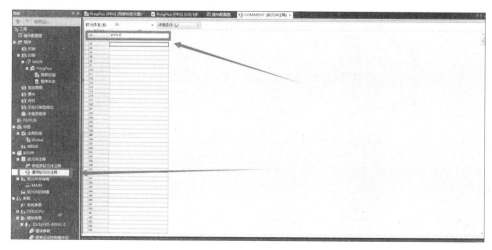

图 3.38　程序软元件注释

　　然后在菜单栏点击"视图"将"注释显示"勾选后便可以在程序中看到注释,如图3.39所示。

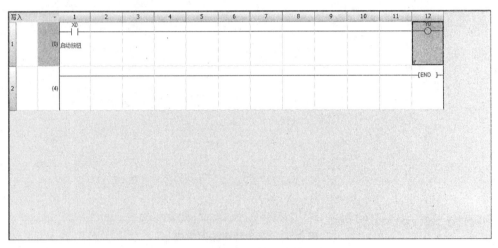

图 3.39　程序软元件注释的要求

　　最后工程程序编写好后将整体工程写入 PLC,返回工程界面点击"在线"→"写入至可编程控制器"进入工程下载界面,如图 3.40 所示。

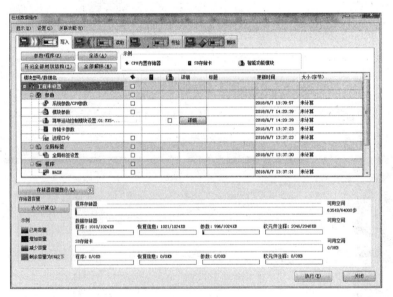

图 3.40　工程下载界面

点击"参数＋程序",并且将简单运动控制模块勾选,如图 3.41 所示。

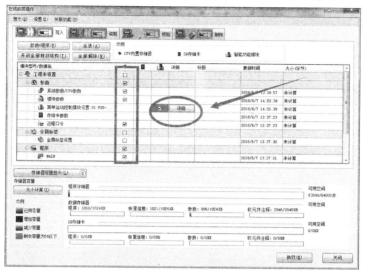

图 3.41　工程参数下载选择

点击执行将工程下载至 PLC,如图 3.42 所示。

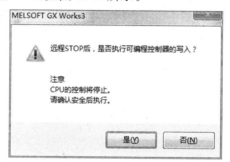

图 3.42　工程下载

工程下载成功后,如图 3.43 所示。

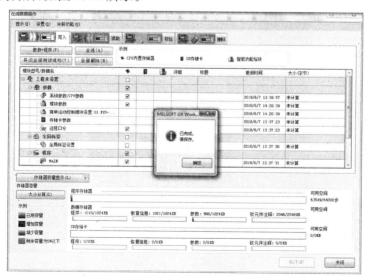

图 3.43　工程下载成功

将工程下载完毕后,点击"监视模式"即可对当前 PLC 进行监视和操作,如图 3.44 所示。

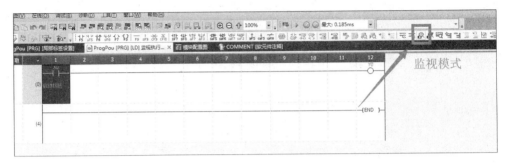

图 3.44　监视模式

在监视模式下,按住 Shift 并鼠标双击 X0,即可将 X0 强行闭合,如图 3.45 所示。

图 3.45　强制闭合软元件

附件 2 DMV1000 视觉检测系统开发案例

利用 DMV1000-KEY(控制手柄)上活动摇杆的上下左右来选择项目列表,按下活动摇杆确认进入项目列表,如图 4.1 所示。

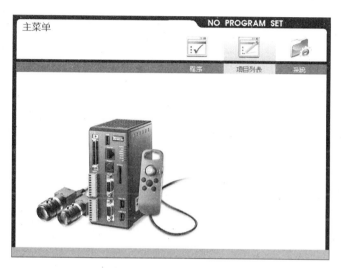

图 4.1 进入项目列表

新建项目及其编号设置,如图 4.2 及图 4.3 所示。

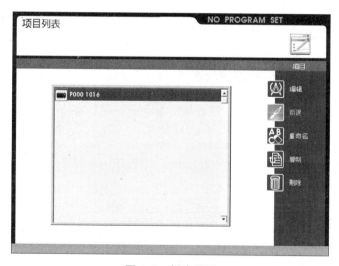

图 4.2 新建项目

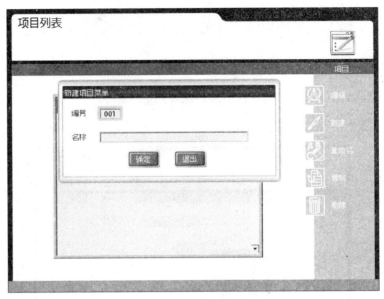

图 4.3　新建项目编号设置

新建项目之后，点击编辑选定所创建的新项目，按下活动摇杆进入对新项目的编辑界面（见图 4.4 及图 4.5）。

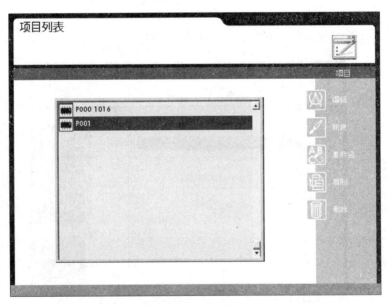

图 4.4　选择项目

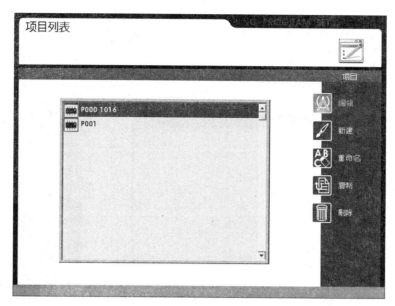

图 4.5   进入新建项目编辑

进入项目之后选定图像并确认,进入截取样本界面(见图 4.6)。

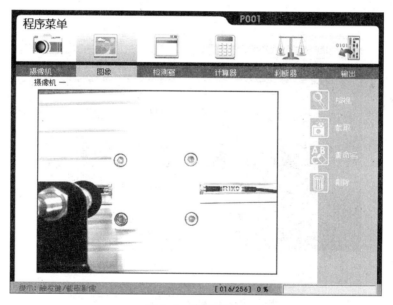

图 4.6   选择图像

选定截取按下 DMV1000-KEY 的活动摇杆,确认进入截取实体图片界面(见图 4.7)。

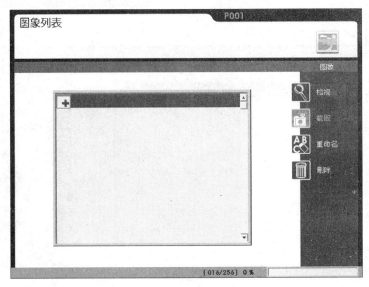

图 4.7　截取图像

截取界面中,选择"连续"可将实体动态情况在显示屏上观察到,选择"截取"则截取最佳的实体样本图片(见图 4.8)。

图 4.8　截取操纵

确定最佳实体样本图片后确认,可观察到本样本图编号为 000(见图 4.9)。

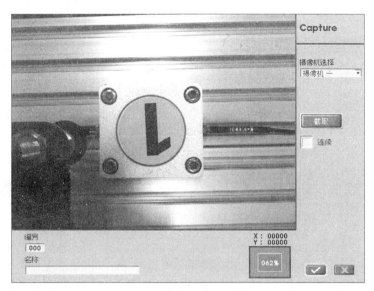

图 4.9　截取样本图片编号

按上述操作再截取数字 2 的实体样本图,可观察本样本图编号为 001(见图 4.10)。

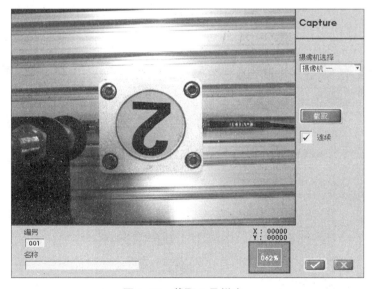

图 4.10　截取 2 号样本

截取好之后图像中增加了两个实体样本图片,按下 DMV1000-KEY 上的退出键,退出至程序菜单界面(见图 4.11)。

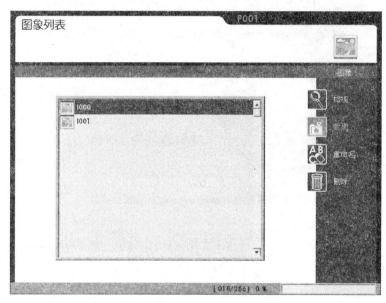

图 4.11　退出截取界面

回到程序菜单界面后选定"检测窗口",按下 DMV1000-KEY 活动摇杆确认进入(见图 4.12及图 4.13)。

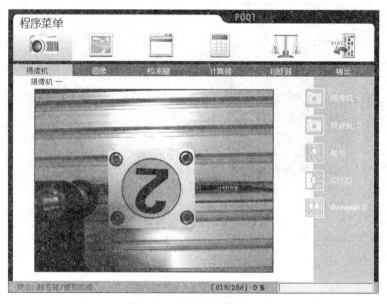

图 4.12　返回程序菜单

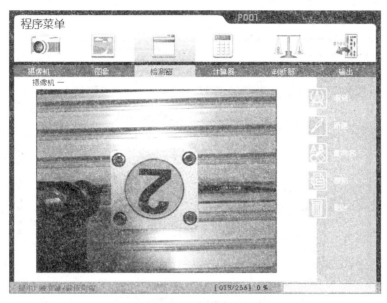

图 4.13　选择检测窗

可见"检测窗"中有很多空工程可添加,选择右侧"编辑"并确认选定第一工程"W000"进行编辑(见图 4.14)。

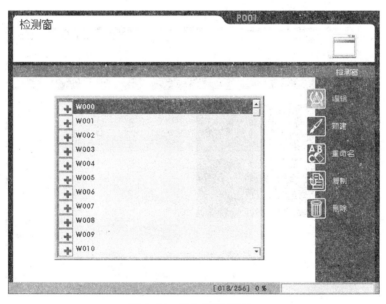

图 4.14　进入编辑界面

点开下拉窗口选择"边形匹配"并确定进入工程编辑(见图 4.15)。

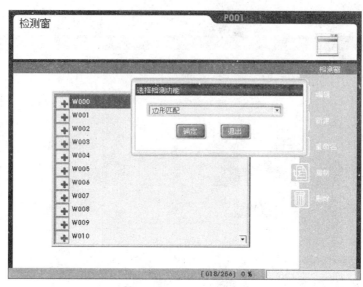

图 4.15　进入边形匹配操作

进入工程的边形匹配界面点击右侧"来源",可观察到"选择图像"选择框有感叹号,点击选择,即可选择之前截取的实体样本图片(编号 000 或者 001)(见图 4.16)。

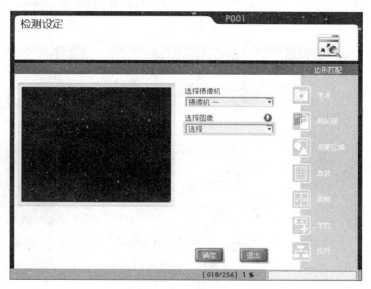

图 4.16　选择实体样本

添加数字 1 实体样本图片之后点击确认(见图 4.17)。

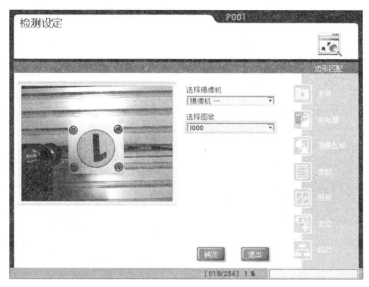

图 4.17　选择数字 1 样本

在右侧菜单栏中选定"测量区域"进入编辑测量区域范围(见图 4.18)。

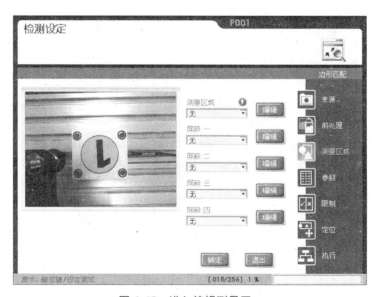

图 4.18　进入编辑测量区

点开测量区域下拉框选择圆形并确定(见图4.19)。

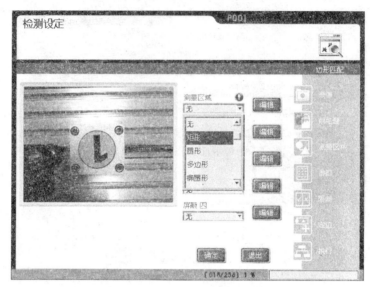

图4.19　选择测量区域

确定测量区域为圆形后进入此界面,选择全区域并确定(见图4.20)。

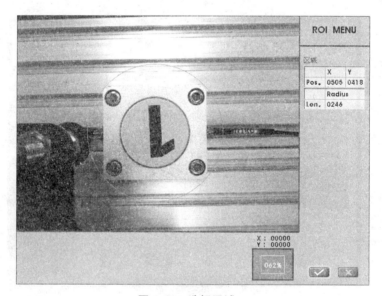

图4.20　选择区域

确定后自动退出至检测设定界面,点击确定(见图 4.21)。

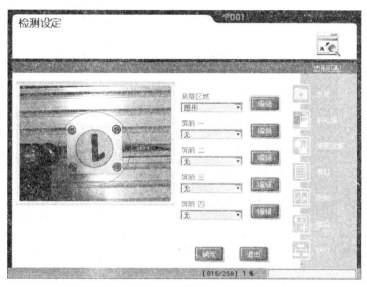

图 4.21　返回检测设定界面

在右侧菜单栏中选择参数,并按下活动摇杆进入编辑(见图 4.22)。

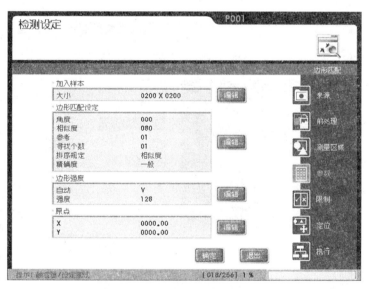

图 4.22　进入参数设置界面

选定"加入样本"进入编辑(见图 4.23)。

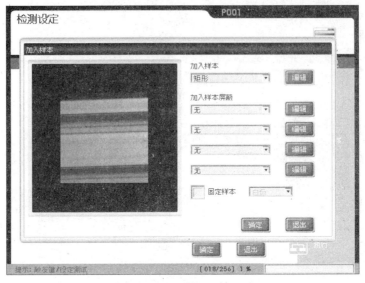

图 4.23　加入样本操作

进入样本编辑,点开"加入样本"下拉框选择"圆形"(见图 4.24)。

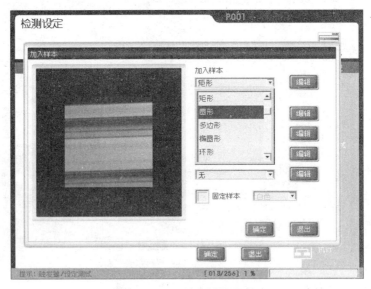

图 4.24　进入样本编辑界面

确定圆形后进入编辑,通过 DMV1000-KEY 上的活动摇杆上下左右摇动来改变圆框的中心点和半径,将数字 1 完全被圆框包住(见图 4.25)。

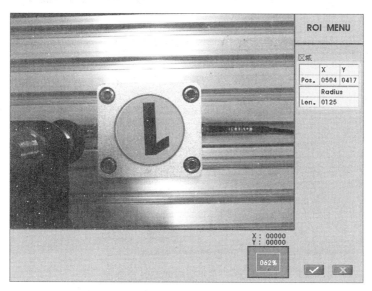

图 4.25　编辑数字 1 样本

完全包住检测工件后按下活动摇杆,并确认退出(见图 4.26)。

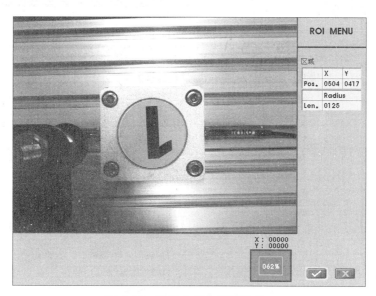

图 4.26　数字 1 样本编辑完成

然后进行边形匹配设定,进入编辑(见图4.27)。

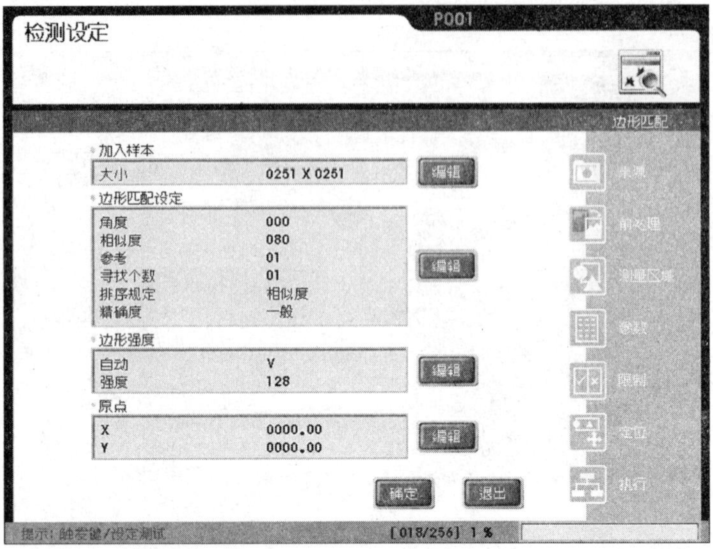

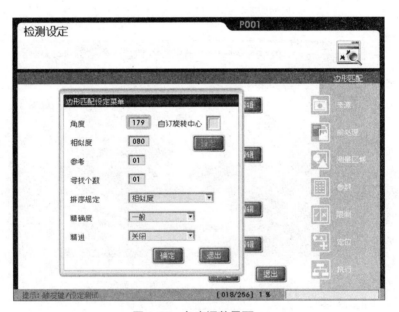

图 4.27　进入边形匹配设定界面

利用 DMV1000-KEY 的活动摇杆往上拨动将角度增加至最大(见图4.28)。

图 4.28　角度调整界面

点击确定返回至检测窗界面(见图 4.29)。

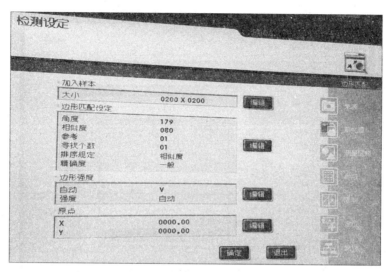

图 4.29　返回检测界面

数字 1 的工程已编辑完成(见图 4.30)。

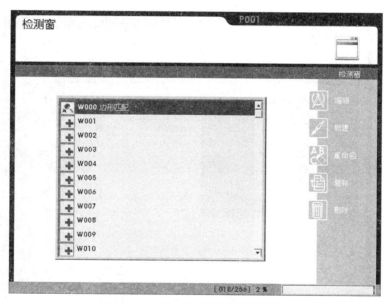

图 4.30　数字 1 检测编辑完成界面

按照上述操作步骤建立数字 2 的工程(见图 4.31～图 4.41)。

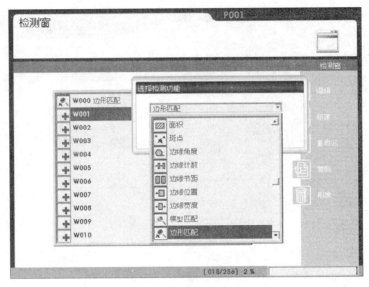

图 4.31　检测功能选择界面

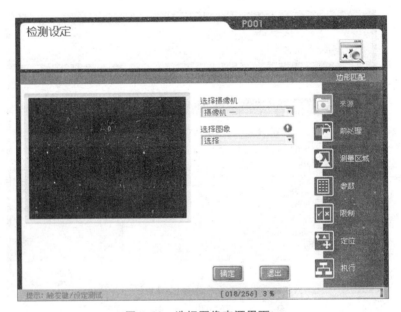

图 4.32　选择图像来源界面

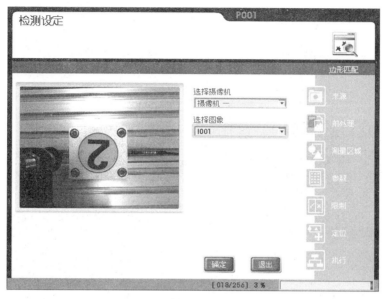

图 4.33　选择数字 2 样本图片

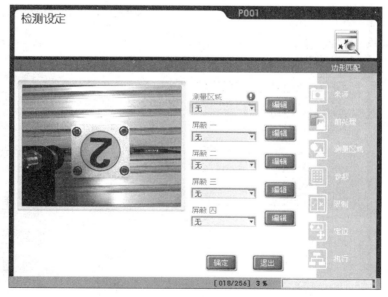

图 4.34　测量区域选择界面

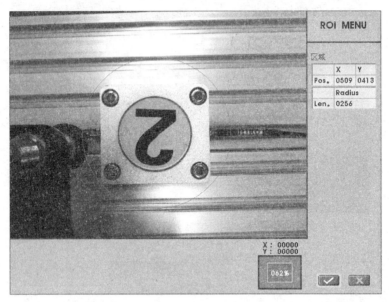

图 4.35　选择区域

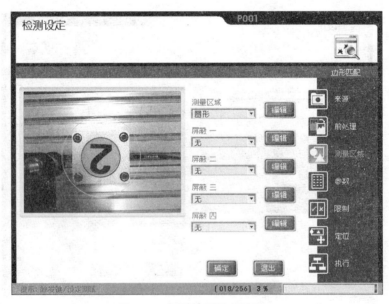

图 4.36　返回检测设定界面

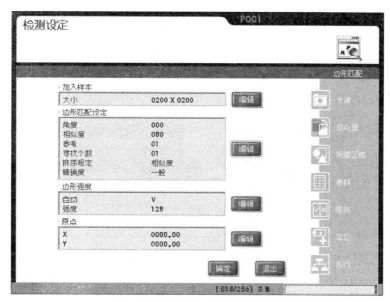

图 4.37　进入参数设置界面

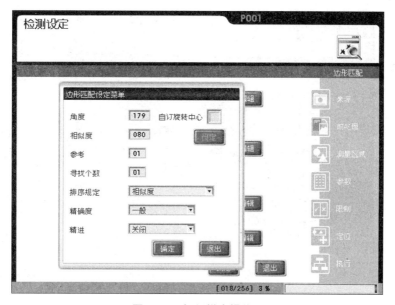

图 4.38　加入样本操作

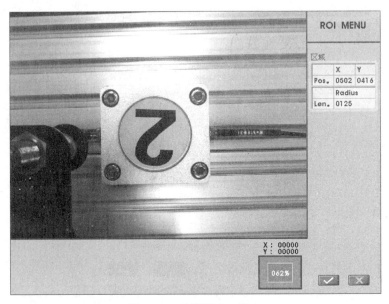

图 4.39　编辑数字 2 样本

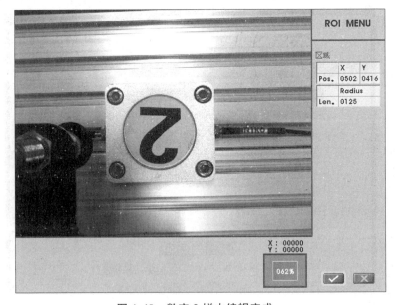

图 4.40　数字 2 样本编辑完成

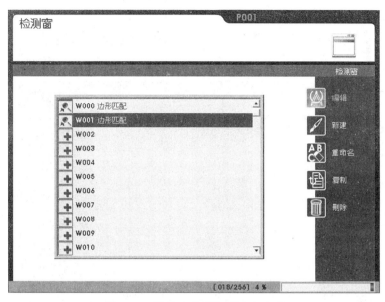

图 4.41　数字 2 检测工程建立完成

数字 2 的工程建立好之后,按 DMV1000-KEY 的退出键,返回至程序菜单选择输出并确定。

视觉检测系统外部通讯设置(见图 4.42)。

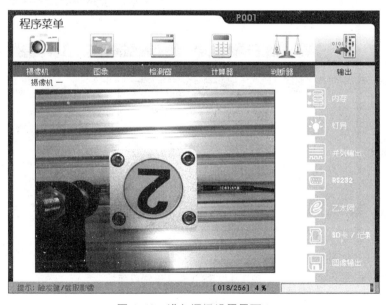

图 4.42　进入通讯设置界面

在右侧菜单栏中选择"RS232"确认进入(见图 4.43)。

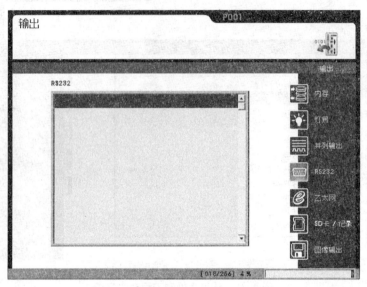

图 4.43 选择与 PLC 通信方式 RS232

进入后点击空白处跳出子菜单栏,选择"加入参数"(见图 4.44)。

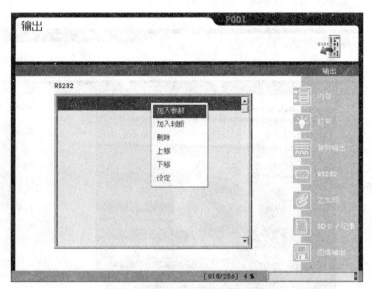

图 4.44 进入参数设置界面

分别加入"W000 边形匹配"的参数或者"W001 边形匹配"的参数(见图 4.45 及图 4.46)。

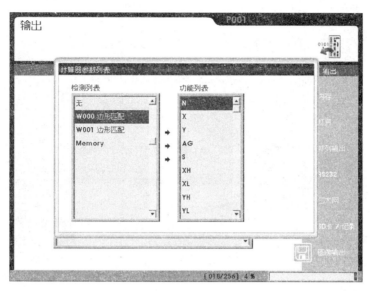

图 4.45　选择参数

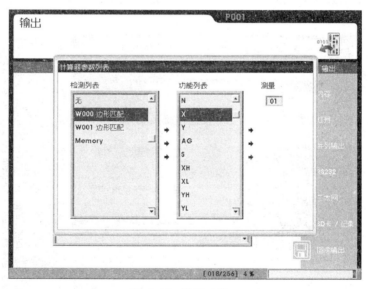

图 4.46　选择功能

最后按下 DMV1000-KEY 控制手柄右侧的滑动块,将其往下滑动则运行该项目。项目运行成功后,按下 DMV1000-KEY 的触发键 trigger,摄像机拍照并识别。

本图为识别出数字 2,可观察到第二个点是绿色的,这正是创建的 W001(见图 4.47)。

图 4.47　识别数字 2

下图为识别出数字 1,可观察到第一个点是绿色的,这正是创建的 W000(见图 4.48)。

图 4.48　识别数字 1

通讯设定补充(见图 4.49～图 4.52)。

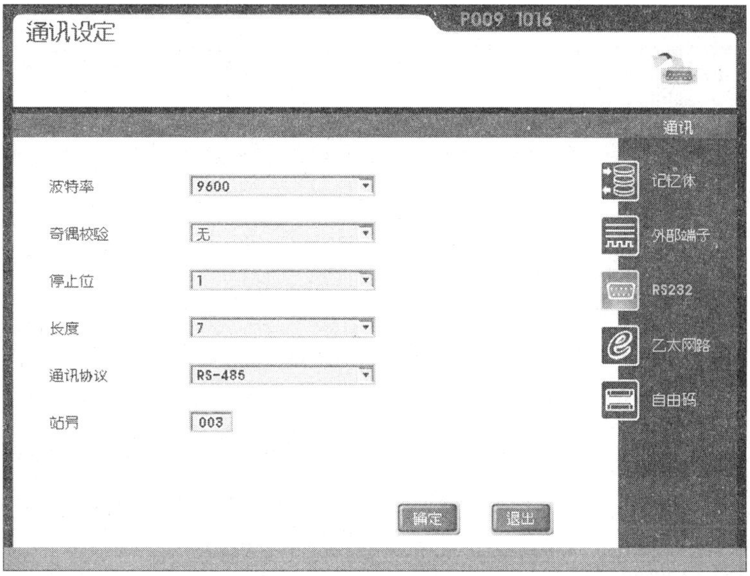

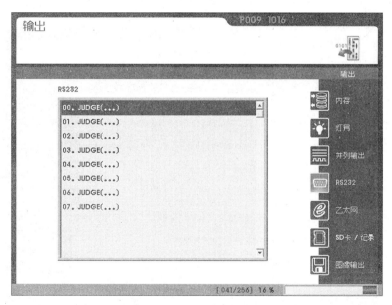

图 4.49　通讯设定补充 1

图 4.50　通讯设定补充 2

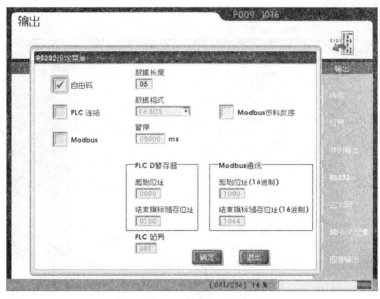

图 4.51 通讯设定补充 3

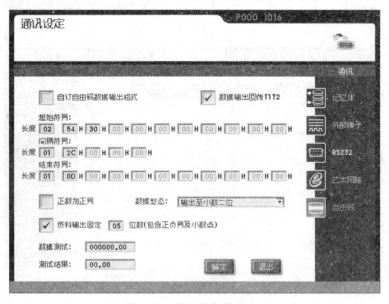

图 4.52 通讯设定补充 4

摄像机设定补充(见图 4.53)。

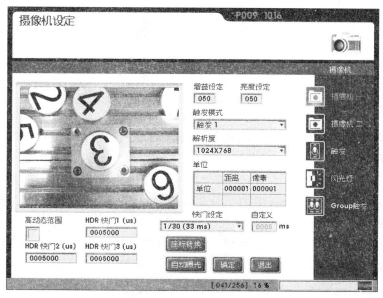

图 4.53　摄像机设定补充

参 考 文 献

［1］ 钱厚亮,张卫平,崔茂齐,等.电气控制与 PLC 实训教程(三菱)[M].南京:东南大学出版社,2017.

［2］ 郁汉琪,张玲,李询.机床电气控制技术[M].北京:高等教育出版社,2010.

［3］ 王永华.现代电气控制技 PLC 应用技术[M].3 版.北京:北京航空航天大学出版社,2014.

［4］ 李金城,付明忠.三菱 FX 系列 PLC 定位控制应用技术[M].北京:电子工业出版社,2014.

［5］ 崔龙成.三菱电机小型可编程序控制器应用指南[M].北京:机械工业出版社,2012.

［6］ 范永胜,王岷.电气控制与 PLC 应用[M].北京:中国电力出版社,2010.

［7］ 中国标准出版社第四编辑室.电气简图用图形符号国家标准汇编[M].北京:中国标准出版社,2011.